被黑狗咬住的人生

徐勇 ◎ 编著

青岛出版集团 | 青岛出版社

图书在版编目（CIP）数据

被黑狗咬住的人生 / 徐勇编著. — 青岛：青岛出版社, 2023.9

ISBN 978-7-5736-1341-7

Ⅰ.①被… Ⅱ.①徐… Ⅲ.①心理学—通俗读物 Ⅳ.①B84-49

中国国家版本馆CIP数据核字(2023)第116220号

BEI HEIGOU YAOZHU DE RENSHENG

书　　名	被黑狗咬住的人生	
编　　著	徐　勇	
出版发行	青岛出版社	
社　　址	青岛市崂山区海尔路182号（266061）	
本社网址	http://www.qdpub.com	
邮购电话	0532- 68068091	
策　　划	刘晓艳	
责任编辑	袁　贞	
特约编辑	逄　旭	
封面设计	刘　帅	
制　　版	青岛千叶枫创意设计有限公司	
印　　刷	青岛海蓝印刷有限责任公司	
出版日期	2023年9月第1版　2023年12月第1版第2次印刷	
开　　本	32开（890 mm×1240 mm）	
印　　张	8	
字　　数	160千	
书　　号	ISBN 978-7-5736-1341-7	
定　　价	49.00元	

编校印装质量、盗版监督服务电话　4006532017　0532-68068050

前言

人们习惯将"抑郁"比作一只黑狗，它总是在不知不觉间闯入人的心灵。而一旦被它咬住，整个人就会被拖入暗淡无光的万丈深渊。

其实，这样的心灵黑狗，何止"抑郁"一只。"焦虑""强迫""失眠"……无数条秉性各异的黑狗都躲在阴暗的角落虎视眈眈地注视着我们，虽然平时感觉不到它们的存在，但只要稍有机会，它们就可能乘隙而入、面露狰狞，撕毁我们的心理防线，扰乱我们的精神世界。

理论上，每个人都有被这些黑狗攻击的可能，它们会削弱你的意志、破坏你的自信、扰乱你的思维、吞噬你的快乐……但黑狗不会主动告诉你，尽管它们凶狠可怖，但并非不可驯服。

人们之所以害怕精神疾病这类黑狗，大多是因为不了解它们的秉性，就像人们都害怕鬼，也是因为从来没有见过鬼罢了。如果熟悉了精神疾病的病因和特点，那么我们就能从一个更高的纬度来客观审视这些黑狗，不给它们伤害我们的机会，或者将伤害降至最低。

有个笑话一直在网络中流传：

一位记者采访精神病医院的院长："您怎样判断一位精神病患者是否痊愈呢？"

院长说："让精神病患者到泳池边，给他一个篮子和一个杯子，让他把泳池里的水清理干净。"

记者兴奋地说："痊愈的人会用杯子。"

院长用奇怪的眼神看着记者："不，痊愈的人会把泳池的塞子拔掉。"

还好，这是个笑话，现实中没有哪一个精神病医院会采取这样的标准来判断精神病患者是否痊愈。

话又说回来，那些选择"拔掉塞子"的人真的就比选择"杯子"的人精神健康吗？我看未必，不管是选择"拔掉塞子"还是选择"杯子"都仅仅是表面现象，而掩盖在这之下的本质问题，有时并不那么容易被发现。

因此，学习一些精神心理方面的知识就显得非常重要了。掌握了这些知识可以让我们更加深刻地认识自己：为什么自己会特别在意别人的评价？为什么自己会陷入无休止的"精神内耗"？为什么在亲密关系中受伤的总是自己？……

除此之外，学习精神心理方面的知识还能够让我们更容易理解他人：原来患抑郁障碍的人不是矫情，是真的病了；原来反复洗手的强迫症患者不是故意嫌弃别人脏，是真的控制不住自己；原来"熊孩子"不是家长没有教育好，他们只是生病了；原来每天面带微笑从不拒绝帮忙的朋友，也可能正在情绪崩溃的边缘……

但这些知识往往是枯燥的，我们平常所听到或看到的每一个有趣的心理学现象的背后，都与复杂的脑区结构和神经递质密切相关。所以，非专业人士要驯服这些心灵黑狗并不简单，往往需要有经验的"驯兽师"的耐心指导。

本书的目的就在于此，每一个问题都从真实案例改编的故事展开，将枯燥的知识以有趣的方式展现，让读者在看故事的同时理解精神病学和心理学的理论，从现象直达本质，将自己从精神内耗的泥潭中解救出来。

愿这本书如一缕阳光照进你的生活，多多少少驱散一些情绪上的阴霾。

目录

01

被黑狗咬住的人生

抑郁障碍

"对我来说，今天是一个既普通又特殊的日子。普通的是，今天是我离职的第87天，分手的第52天，也是我被医生诊断为抑郁症的第10天；特殊的是，我决定从今天开始写我的抑郁日记。

　　"如果说抑郁症是一条'黑狗'，一旦被它咬住就很难摆脱，那么我的这一条'黑狗'似乎特别黏人，不仅形影不离地跟在我身边，还要把我拖进痛苦的沼泽。事业上的不顺及感情上的背叛让我从早到晚都活在疲惫之中，我不想出门，也不想说话，更不想吃饭，每天的日常就是忍受看不到尽头的空虚和折磨。

　　"父母不理解我，认为我太矫情，逼着我走出房间，但外面熙熙攘攘的人群让我感到更加孤独。我把头深深地埋在卫衣的帽子里，感觉自己像是一个罪大恶极的犯人，低着头，漫无目的地在大街上游荡，周围陌生的目光像是审判者的权杖，即便是隔着厚厚的卫衣，也让我如坐针毡。我的手忍不住地抖，身体不听使唤地晃动，脑子就像是一台生了锈的机器，无法进行思考。

　　"不知道从哪一天开始，我变得敏感多疑，与父母一言不合就会大吵大闹，工作中也经常丢三落四。家人和朋友经常默默忍受我的胡搅蛮缠，所有人在我面前变得小心翼翼，生怕哪一句话或是哪个动作触碰到我敏感的神经。即便如此，我还是无法摆脱那种来自灵魂深处的绝望和无助，这些消极的情绪虽然看不到、摸不着，但它真的就像一条可怕的'黑狗'，不知不觉就把人一步一步逼入死胡同。

"有时候我会不知不觉地深睡几小时，那种感觉真好，什么也看不见，什么也听不见，我经常想如果就这样死去该是一件多么美好的事情啊！但梦还是会醒，我每次睁开眼睛后都会感到莫名的害怕，恐惧就像空气一样围绕着我，我也不知道在害怕什么，可能是害怕自己会在某个时刻坚持不住而选择自杀吧。

　　"每当我看着周围的同事和朋友都在积极生活的时候，我就会感觉自己是一个无用之人，是一个被世界抛弃的人，不值得任何同情。都说挫折也是一种成长，要学会从阴影中走出来，这些道理其实许多人都懂，但不是谁都能做到，我就是做不到的那一个。看着镜子中日渐颓废的自己，我很迷茫，以前那个活泼开朗的女孩哪里去了？难道我此生就要这么堕落下去吗？

　　"我不甘心就此沉沦，我开始寻求专业人士的帮助。当我从医生口中得知我患了'抑郁症'时，我并没有觉得意外，甚至有种踏实的感觉：终于敢面对自己的问题了。我开始遵照医嘱服药，今天正是服药的第10天，尽管暂时还没有感觉到有多大的效果，但我会坚持下去……"

　　以上内容来自一位叫小童的28岁女孩的分享。她因为生活中的各种不如意而得了抑郁障碍（俗称"抑郁症"）。虽然我没有见过小童，但是透过她的文字我隐约能感觉到小童是一位坚强的女孩，她正在经历人生的低谷。同时，她也在努力克服自卑，为了再次收获信心，更是为了找回曾经那个乐观向上的自己。

你的豌豆射手是几级？

那么，像工作或感情不顺利这样的负性生活事件是如何导致小童患上抑郁症的呢？个体先天具有一定的抵抗和修复外界负性生活事件对自身产生伤害的能力。当负性生活事件的伤害性太大，个体无法抵抗和修复时，就会引起脑神经通路的病理性改变，并导致神经递质失衡，进而导致抑郁症发作。

听起来好像有点儿复杂，我们用《植物大战僵尸》这个游戏来形象地说明一下这个理论。各种僵尸代表具有伤害性的各种负性生活事件；豌豆射手代表个体抵御负性生活事件的能力；而向日葵负责给豌豆射手提供阳光，代表具有调节作用的神经递质。

游戏开始，出现低级僵尸时，普通的豌豆射手可以轻易地将其消灭，但受到红眼巨人这种高级僵尸的攻击时，普通的豌豆射手就抵挡不住了，这时候就需要消耗一定量的阳光来给豌豆射手升级，让它变成更加强大的机枪豌豆射手，以抵御红眼巨人僵尸的攻击。如果机枪豌豆射手胜利，那么游戏依然可以继续，小童的情绪也不会出现异常。反之，机枪豌豆射手就会被红眼巨人僵尸吃掉。而在吃掉机枪豌豆射手后，红眼巨人僵尸还会顺路吃掉向日葵，最终导致神经递质失衡，神经通路被破坏，小童随之患上抑郁症，游戏结束。

当然，僵尸和豌豆射手之间的强弱关系是相对的，是具有明显个体差异的。正所谓"汝之蜜糖，彼之砒霜"，就拿工作或感情不顺利这种事来说，有的人经历过好多次也没有抑郁，反而增加了许多人生经验。但小童就抑郁了，这当中的原因是什么呢？这就要从抑郁症的病因说起了。

单靠多巴胺拯救不了抑郁症患者

抑郁症是一种多种原因引起的以显著和持久的情感低落和兴趣丧失为主要临床症状的心境障碍，可伴有幻觉、妄想等精神病性症状。据世界卫生组织统计，全球约有 3.5 亿人患有抑郁症。抑郁症发病机制复杂，目前尚未完全明确，可能为生物因素、环境因素及生理因素等共同作用所致。

生物因素

遗传可能是所有致病因素中最重要的一个，抑郁症患者的一级亲属患抑郁症的风险是一般人群的 2～10 倍。所以，并不是所有经历了失恋这类负性生活事件的人都会得抑郁症，许多人在经历过比失恋更痛苦的生活事件后仍然能够保持积极乐观的心态，这其中的奥秘极有可能就是个体之间基因的差异。

环境因素

"橘生淮南则为橘，生于淮北则为枳"，环境对个体情绪的影响是不言而喻的。通常来说，生活中的所有负性生活事件（比如：丧偶、失业或疾病等）均是导致抑郁症发生的危险因素，其中童年时的不良经历（如：被虐待或遗弃等）是不可忽视的因素。

生理因素

无论是生物因素还是环境因素，最终都要通过生理改变来形成临床症状。这些生理改变包括神经内分泌系统的改变、脑神经影像学的改变及神经电生理的改变等。其中被广泛认可的当属神经递质失衡假说，这一假说认为人的大脑中存在稳定情绪的三大神经递质，即多巴胺、5-羟色胺和去甲肾上腺素，正是它们三者的功能紊乱导致了抑郁症的发生。

先说多巴胺，也有人把它叫作"快乐因子"，我们平常所说的满足感就和它有关。比如，对于那些原本特别喜欢跳舞的人，如果多巴胺分泌不足，他们就会对跳舞失去兴趣。但也并不是说多巴胺分泌得越多越好，所谓"物极必反"，像物质依赖和精神分裂症这些严重的精神疾病都与多巴胺分泌过多有关。

体育锻炼是增加多巴胺分泌的一个有效途径，临床医生总是喜欢鼓励抑郁症患者多运动，就是这个道理。但是，在实际生活中，"运动治疗抑郁"的方案一般并不能奏效，这是因为抑郁症患者本身就有不想运动的特点，而且单靠多巴胺的"一己之力"

可能无法拯救患者。要想治愈抑郁症患者，还需要其他神经递质的帮助。

5－羟色胺，就是能够帮助多巴胺的另一种神经递质。它的作用十分广泛，在人的情绪、记忆力等多个方面都能够起到调节作用，几乎所有的抗抑郁药都对5－羟色胺系统起作用。巧合的是，女性先天分泌5－羟色胺的能力低于男性，这也从生理角度解释了女性较男性更容易患抑郁症的原因。

而去甲肾上腺素是一种与个体精力关系特别密切的神经递质，抑郁症患者出现的那些疲劳、精力不济和反应变慢的临床症状大部分与去甲肾上腺素的分泌减少有关。

抑郁症主要是由以上三大神经递质的失衡及其所对应的受体功能异常引起的。受体的本质就是存在于细胞膜或细胞内的一种特殊大分子蛋白质，它具有高度的特异性，可以识别并结合相对应的生物活性分子（比如神经递质），使细胞发生一系列的生物化学反应。大家可以把这个过程简单地理解为"一把钥匙开一把锁"，神经递质就是"钥匙"，受体就是"锁"。多巴胺神经递质这把"钥匙"只能打开多巴胺受体这把"锁"，而不能打开其他神经递质的"锁"。目前，绝大部分的抗抑郁药也正是通过作用于这三大神经递质及其受体而产生治疗效果的。

抑郁情绪 ≠ 抑郁症

大家对"抑郁"这个词并不陌生，我们每个人都有不开心的时候，多少会有考试成绩不如意或者工作不顺利的经历，这时候我们出现的沮丧和失落就是抑郁情绪。但是注意了，抑郁情绪 ≠ 抑郁症。抑郁症的第一个症状是显著而持久的抑郁情绪，没有抑郁情绪就无法确诊为抑郁症，但有抑郁情绪不一定就是抑郁症。

抑郁情绪是人类的一种正常情感反应。只有当抑郁情绪持续存在达到一定时间（通常为 2 周）后才有可能被诊断为抑郁症。典型抑郁症的抑郁情绪具有"晨重暮轻"的节律特点，即抑郁症患者在清晨时情绪非常低落，到中午时就有所减轻，晚上的状态一般是一天中最好的。原因可能是抑郁症患者无力面对白天各种烦琐的工作和复杂的人际关系，而到了晚上就无须再去"伪装"自己，情绪因而好转。当然这只是原因之一，有的专家认为，5 - 羟色胺分泌不均衡是"晨重暮轻"现象的罪魁祸首，阳光可以促进 5 - 羟色胺的分泌，患者在中午或下午能够获得更多的光照，5 - 羟色胺的分泌相对增多，所以情绪会较清晨好一些。

在抑郁情绪的影响下，患者经常感到极度自卑，感觉自己一切都不如别人，严重者甚至会继发许多精神病性症状，其中以自罪妄想最为常见。存在这种妄想的患者毫无根据地坚信自己犯了不可原谅的滔天大罪，并认为自己应受到严厉的惩罚，为此患者经常采取拒食等自残行为或主动要求司法机关对自己进行审判。英国学者波顿曾结合自身经历对这一内心体验有过这样的描述："如果人间存在地狱，那么一定就在抑郁症患者的心中。"可见抑郁症是一种多么可怕的精神疾病。

抑郁症的第二个症状是兴趣和愉悦感的丧失，简单理解，就是患者什么事情都不愿意做，勉强做了也体会不到快乐。抑郁情绪的诱因往往是丧失，有人是因为丧失了亲情，有人是因为丧失了事业，也有人是因为丧失了爱情。诸如此类的丧失可导致愉悦感的缺失，患者体会不到快乐，对之前感兴趣的事也毫不在意，每天都活在痛苦之中，严重者为了逃避现实会选择自杀。

抑郁症的这一特点在动物实验中可以得到很形象的验证。比如，大白鼠本来是非常喜欢喝糖水的，当同时面对糖水和水时，它们喝糖水的频率远远大于喝水的频率，因为糖水会给它们带来愉悦感。但经受过一些诸如恐吓、电击等人为的"折腾"后，它们喝糖水的行为会大大减少，有时会减少到与喝水的频率不相上下，这就是糖水偏好实验。我们自然是无法得知大白鼠在这个过程中的真实想法，但它们对糖水的偏好程度能够反映出它们是否存在愉悦感的缺失。科学家们也正是通过观察大白鼠喝糖水与水的行为来判断它们是否存在抑郁情绪的。

除了以上核心临床症状，抑郁症患者还存在明显的认知偏差，他们看事情往往带有悲情色彩，不能对自身情况进行客观的评价。

因此，抑郁症患者也经常被称为"三无"人群，"三无"是指无助感、无用感和无望感。

所谓"无助感"，是指感觉自己被孤立，不认为他人会给自己提供有效的帮助，没有求助的欲望。这种无助感通常是患者在社会实践中通过学习而获得的，因此也称为"习得性无助"。"习得性无助"的概念是由美国心理学家塞利格曼提出的，说的是人如果在最初的某个情境中获得无助感，那么在以后类似的情境中仍不能摆脱，从而将这种无助感扩散到生活中的各个领域，这个扩散的过程也被叫作"泛化"。

塞利格曼曾用狗做过一项实验，他将狗随机分为三组，具体实验过程分为以下两个阶段：

第一阶段

A 组：受到电击，通过按压开关可以停止电击。

B 组：受到电击，按压开关不能停止电击。

C 组：没有受到电击。

第二阶段

在经历过第一阶段的实验后，塞利格曼对这三组狗进行了"穿梭箱逃生测试"：狗被放进一个用隔板隔开的箱子中，当狗受到电击时，可以通过跳跃隔板来躲避电击。结果显示：

A 组：轻松学会躲避电击。

B 组：多数狗没有学会躲避电击。

C 组：轻松学会躲避电击。

实验得出的结论是，B 组狗在第一阶段的实验中已经认识到电击的停止与自己的反应毫无关系，也正是这种想法使它们在第二阶段的实验中没有跳跃隔板去躲避电击，产生了"习得性无助"。通过塞利格曼的这个实验，我们可以更好地去理解"习得性无助"这种心理现象。

我们一起回头看文章开头提到的小童，其实她还不算是"习得性无助"，因为她还知道去医院寻求医生的帮助，还有通过努力来摆脱困境的意愿。但她将生活不如意的原因完全归结为自身问题是不合理的，因为这些不如意的产生可能与自己无关，有可能是老板的苛刻压榨和男朋友的喜新厌旧造成的。

"无用感"则是认为自己"百无一用"，是社会和家庭的负担。有的患者形容自己"生则浪费空气，死则浪费土地"。

如果红色代表热烈，蓝色代表深沉，那么灰色一定代表抑郁。在抑郁症患者的视角中，前途永远是灰蒙蒙的一片，没有任何生机，也没有任何希望。他们会坚定地认为自己的家庭注定会离散，自己的事业也终将会失败，这就是"无望感"。

每天微笑的人也可能是抑郁症患者

除了核心症状和认知偏差，抑郁症还有许多伴随症状。所谓伴随症状，并非不重要的症状，而是指与某种疾病的主要症状同时存在的一些其他症状。这些症状可以单独出现，也可以多个同时出现。根据抑郁症患者合并伴随症状的不同，临床上也将抑郁症的类型进行了区分，便于更好地对患者进行个性化治疗。

非典型抑郁

一般来说，我们习惯把小童这种以情绪低落、早醒和食欲下降等为主要临床特点的抑郁叫作典型抑郁。而临床中有一部分患者并没有上述表现，反而出现睡眠增多、食欲增强和体重增加，这种抑郁就被称为非典型抑郁。非典型抑郁并不少见，它与双相障碍之间有着千丝万缕的联系。

紧张型抑郁

这是抑郁症里比较严重的一种类型。患者在发病时会出现肌肉紧张和肢体僵硬，部分患者会保持某一特定姿势静止不动，专业术语叫木僵或亚木僵。

焦虑型抑郁

抑郁与焦虑往往如影随形，据科学统计，临床中大约有四分之三的抑郁症患者合并焦虑症状。这类患者经常在抑郁发作的同时存在过分的担忧，因而导致注意力不集中和记忆力下降。与典型抑郁症患者相比，焦虑型抑郁症患者自杀的危险性更高，治疗周期也更长。

季节性抑郁

临床中存在一部分对季节变化特别敏感的抑郁症患者，他们的症状大多在秋冬季出现，在春夏季缓解，呈现出明显的季节相关性，这可能与秋冬季光照时间较短有关。与此同时，他们还多伴有食欲和体重增加、睡眠过多等非典型症状。这类患者通常较少接受系统治疗，因为他们的临床症状往往较轻。

微笑型抑郁

如同歌曲中唱的那样："你不是真正的快乐，你的笑只是你穿的保护色……把你的灵魂关在永远锁上的躯壳……于是你合群地一起笑了……不是你的选择。"微笑型抑郁症患者最大的特点就是，他们善于通过表面上的微笑来掩盖自己心里的抑郁，将自己的痛苦压在心底，不显露一分一毫。而当抑郁情绪被披上一层微笑的外衣时，患者内心深处的孤寂就更加无处安放了。

微笑的他们在白天人多的时候基本表现正常，彬彬有礼，对家人也是报喜不报忧，做事也基本不会表现出异常。但到了晚上一个人的时候，他们就会失眠，会感觉到莫名的悲伤和极度的疲惫，甚至会出现自残或自杀的情况。他们的微笑是用来伪装的，是掩饰自己情绪的工具，是抵挡现实的一种防御机制。当不愉快的情绪来临时，他们一边安慰着自己，示人以无所谓的样子，一边又陷入深深的自责和绝望。

至于患者为什么要掩饰自己的情绪，原因也是多种多样，有的是为了维护自己在别人心中的良好形象，有的是为了避免被他人歧视或不理解，也有的是通过强颜欢笑而自我麻痹，以回避现实中的某些问题，还有的则是为了他人而假装坚强。

通过微笑型抑郁，我们似乎可以悟出一个道理：抑郁的反义词并不是快乐，而是动力。我们不能简单地把抑郁和不快乐画等号，抑郁更深层次的含义或许是对自身情感表达能力的剥夺。如何来理解这句话呢？通俗点说，谁都不可能一直高高兴兴的，或多或少要经历喜怒哀乐这些情感体验的。而抑郁症这种疾病对个体的危害就是剥夺患者体验喜怒哀乐的能力，使他们丧失追求情感变化的动力。就像微笑型抑郁症患者一样，明明内心极度痛苦，但表面上还是要摆出一副积极乐观的样子，说明他们已经丧失直面自己情感的勇气。

填个调查问卷就能诊断抑郁症吗？

抑郁症通常在青壮年起病，女性明显多于男性（女性与男性的比例大约为 2 ：1）。有研究显示，抑郁症患者从发病到就医治疗的平均时间大约为 3 年。许多患有躯体疾病的人也会合并抑郁症，这也是临床科室比较容易忽视的一个问题。例如，恶性肿瘤患者群体易伴发抑郁症，肿瘤科的医生如果将注意力仅放在肿瘤问题上，就很难识别出患者的抑郁情绪，而如果患者的抑郁情绪得不到较好的改善，也可能反过来影响肿瘤的治疗效果。一项全球不同地区合作中心做的调查结果显示，内科疾病患者中抑郁症的患病率已经达到 18% 左右。要解决这一问题，除了提高临床医生的心理疾病识别意识外，患者也要学会关注自己的情绪变化。

一些诸如患者健康问卷抑郁自评量表（patient health questionnaire-9，PHQ-9）的抑郁症筛查量表就是很好的自我评估工具。PHQ-9是国际通用的抑郁症筛查量表之一，是基于《精神障碍诊断与统计手册》制定的抑郁自评工具。虽然它只有简单的 9 个问题，但这 9 个问题是根据大量临床研究数据总结出来的，不仅能够起到辅助诊断抑郁症的作用，还可以评估抑郁症患者的严重程度及社会功能情况，并且不受年龄和性别的限制，所以特别适合医疗卫生机构筛查抑郁症及患者进行自我评估。

看到这里，你会不会有这样的疑问：诊断抑郁症难道就这么简单吗？

实际上，就目前的心理疾病诊断技术而言，不光是抑郁症，绝大部分的心理疾病都是靠量表来辅助诊断的，这种形式本身确实存在一些弊端。

量表内容的封闭性

所有量表的内容都是提前编辑好的问题，不可能将患者所有的临床问题包括在内，备选答案也是提前预设好的选项，患者不能开放作答，因此无法面面俱到。

习惯误差

许多患者在答题时如果发现备选答案中没有选项可以准确反映其自身的真实情况，往往会根据习惯去选择一个与自己情况比较接近的答案。一些患者平时就有"自欺欺人"的习惯，因此填写问卷时也会出现避重就轻式的回答。

但在实际临床工作中，抑郁症绝不是通过量表得出的一个数字，医生对抑郁症的诊断还是比较谨慎的，一般会采取他评为主、自评为辅的策略。他评是相对患者的自评而言的一种评估方式，一般由经过培训的精神科医生使用专门的他评量表，并结合自己的临床经验对患者进行病情评估。这种方式可以有效避免患者的理解能力和答题习惯不同造成的自评误差，在没有客观生物学指标的前提下，不失为一种合理的诊断手段。所以，以上介绍的 PHQ-9 抑郁自评量表只能作为筛查工具，目的是让测评者及时发现自己的情绪问题，根据结果提示及时到心理科诊治。

你一直认为的不一定是对的

对于抑郁症的治疗，也并非"一刀切"。一般来说，轻度抑郁症可以单独使用心理治疗，中度和重度抑郁症就需要在心理治疗的基础上增加药物治疗了。

目前针对抑郁症的心理治疗方法有许多，其中比较常用的是认知行为治疗（cognitive behavioral therapy，CBT）。美国心理学家贝克在治疗抑郁症患者时发现，不良的情绪和行为是由歪曲的认知导致的，由此他提出了情绪障碍的认知模型。该模型包括两个层次，即深层的功能失调性假设和浅层的负性自动思维。

所谓"功能失调性假设"，就是个体歪曲地看待客观世界的假设，它通常来自童年的生活经验，是一种稳定的心理特征，在后期的生活中能够继续得到修正和补充。正是由于这种"功能失调性假设"的存在，才派生出了负性自动思维，使个体倾向于对自己做出消极负面的评价。这种消极负面评价的倾向就是痛苦的源泉，也是抑郁症发生的关键。

小童患抑郁症，也是这个原因。小童一直对自己要求比较严格，她认为一个人必须在生活和工作上取得成功，只有这样的人生才有价值。当然，这种根深蒂固的认知假设会促使她形成许多优秀的品格，比如，自律、自爱等。可一旦遭遇工作或感情上的坎坷时，小童就会很自然地产生这样的想法：自己在很多方面都没有取得成功。于是，巨大的失落感油然而生，许多负性自动思维也接踵而至，比如，"我已经是一个一无是处的废人了""我是一个失败者"等。她开始变得抑郁，并有了自杀的想法。但真实的情况并非如此，尽管小童与领导发生了争吵，与男朋友产生了意见分歧，但她依然是一位工作积极主动、对感情认真负责的优秀女孩。负性自动思维使她陷入了抑郁情绪的漩涡，而抑郁情绪又反过来加重了负性自动思维，形成恶性循环。

患者在早期经验中形成的"功能失调性假设"存在于他们的潜意识中，虽不容易被识别，却决定了他们对事物的评价，支配着他们的行为，使他们排斥与它不符的一切现实经验。用一句话来概括：当个体过去消极的假设与积极的现实产生碰撞时，现实往往不堪一击。

负性自动思维虽然是由功能失调性假设派生而来的，但也具有一些独特之处。首先是自动性，不需要思考就可直接突现于个体的意识之中；其次是强制性，不以个体的意志为转移；最后是负面性，它的内容是对现实的曲解，个体却信以为真。

我们用下面的流程图来具体描述一下这个过程：

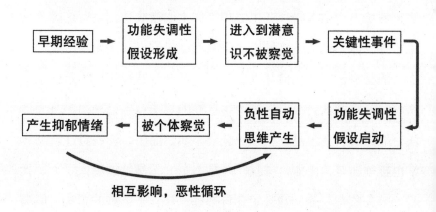

相互影响，恶性循环

与弗洛伊德的精神分析疗法不同，贝克并不认为较多地关注童年经历会对抑郁症患者的治疗提供有效的帮助，他主张心理治疗师应该把重点放在纠正患者当下存在的不合理的自我否定倾向上。

因此，CBT并不是简单的说教，心理治疗师也不是只会告诉患者"遇事要往好处想"。CBT的精髓用一句话总结就是"行胜于言，质胜于华"。CBT治疗师的工作不同于传统意义上的心理咨询，他们更多的是要帮助患者建立一套自我认知体系，引导患者从另一个角度看问题，从而走出抑郁症的困扰。

　　还是以本文主人公小童为例，如果我是她的主治医生，我首先会要求小童随时将自己遇到事情后的真实想法记录下来，并对其中经常出现的自动思维进行总结。比如，"我简直一无是处""我就是行尸走肉"等。然后，我会引导她识别这些认知错误。当我知晓小童的自动思维后，会要求小童总结出其中的一般规律。在这一过程中，小童会逐渐认识到有一些自动思维是错误的，并在我的引导下尝试用新的认知来代替既往的负性认知：每个人都有自己的长处和短板，不必事事苛求完美。最后就是真实性检验，我和小童一起对以上认知和假设进行验证，看是否合乎逻辑。我会鼓励小童重新找一份工作，或者开始一场新的恋爱，让小童在实践中发现自己以前的大部分认知是消极的，是不符合实际的，从而改变其原先的认知和假设。

　　目前临床中最常用的抗抑郁药是选择性5-羟色胺再摄取抑制剂（selective serotonin reuptake inhibitors, SSRIs）、选择性5-羟色胺和去甲肾上腺素再摄取抑制剂（selective serotonin-norepinephrine reuptake inhibitors, SNRIs）。

常用的 SSRIs 包括氟西汀、帕罗西汀、氟伏沙明、舍曲林、西酞普兰和艾司西酞普兰，它们的作用机制类似，但在具体应用上各有优势。

SNRIs 里的代表药物是文拉法辛和度洛西汀。从名称上就不难看出，此类药物比 SSRIs 这类"单通道"药物多了一个"作用通道"，但我们不能简单地理解为 SNRIs 比 SSRIs 高级。药物和人体之间的相互作用是极其复杂的过程，药物和药物之间也没有绝对的高低之分，根据自身的情况选择能带来最佳获益的药物才是明智之举。

除了医生和药物的帮助，像小童这样的抑郁症患者也需要进行自我调节，其中最简单有效的方法就是转变悲观的生活态度，试着用一种平和的心态去无条件地接受每天发生在自己身上的一切。什么叫无条件接受呢？就是不管发生在自己身上的是好事还是坏事，通通都接受。

抑郁症患者在自卑情节的影响下容易对自我产生错误的认知，认为自己是世界上最不幸的那个人，不好的事情总是会发生在自己身上。"为什么失恋的那个人是我？"抑郁症患者总是关注那些发生在自己身上的不好的事情，而忽略掉那些好的事情。其实，当他们在抱怨"为什么是我"的时候，也应该多思考一下"为什么不能是我？"

"为什么失恋的那个人不能是我？为什么得抑郁症的那个人

不能是我？……"

抑郁症真的是一种病

从病程上来说，抑郁症属于自限性疾病，就算不经治疗，一般几个月后也会自行好转。既然如此，为什么还要积极地治疗抑郁症呢？耐心等待几个月让症状慢慢好转岂不更好？医生之所以不鼓励这么做，是因为抑郁症虽有自行好转的概率，但它属于易复发的疾病，规范化的治疗可以减少复发。另外，抑郁症发病期间，患者极其痛苦，存在较高的自杀风险，及时的治疗可以缓解患者的痛苦、有效防止患者自杀。遗憾的是，调查显示我国接受规范化治疗的抑郁症患者的比例还不到十分之一，其中最重要的原因可能是人们对抑郁症存在误解：

误解一：抑郁症患者就是内心脆弱，太矫情

诚然，性格是导致抑郁症的一个重要原因，那些容易钻牛角尖、悲观主义的人患抑郁症的概率确实比较大。但抑郁症与个体的意志没有一点关系。抑郁症患者大脑内神经结构或神经递质确实产生了病理性变化，这是个体无法控制的。就像我们感冒后会出现鼻塞、头痛等症状一样，这些症状不是我们靠意志就能操控的，抑郁症也是如此。

历史上许多内心强大且意志坚定的名人也是抑郁症患者，比

如，诺贝尔文学奖获得者、《老人与海》的作者海明威，生物进化论的创立者达尔文等。

所以，抑郁症患者的家人和朋友们，你们真的要理解患者的感受，他们不是要哗众取宠，而是真的病了。就像鸟儿被折断了翅膀而无法高飞，他们的情绪也像被套上了镣铐，失去了活力。哪怕你们始终无法理解患者的处境，也提供不了任何帮助，那么尽可能少一些质疑和指责，多一些温暖的陪伴，也是对患者的极大支持。

误解二：抑郁症如果严重的话，会变成精神分裂症

抑郁症和精神分裂症都属于较严重的精神疾病，虽然伴有精神病性症状的抑郁症和以阴性症状为主的精神分裂症有许多相似之处，但二者始终是两种不同的疾病，一般不会相互转化。

误解三：抗抑郁药不能吃，吃了就会产生依赖

目前的主流观点认为，抗抑郁药是治疗中度和重度抑郁症的有效手段，患者通常需要服药几个月到几年才能维持病情稳定，贸然停药可能会导致复发，那些多次复发的患者甚至需要终生服药。

根据神经递质失衡假说，抑郁症主要由大脑内神经递质和相关受体的功能失衡引起，抗抑郁药的作用就是改善这种失衡状态。抗抑郁药需要长期服用，并不是因为产生了药物依赖，而是因为抑郁症属于慢性疾病，患者脑内的神经递质及其受体长期处于功

能紊乱状态，药物在短时间内无法纠正。

误解四：抗抑郁药里面含有激素，吃了会让人发胖

可以肯定地告诉大家，目前市面上所有的抗抑郁药都不含有激素。但为什么部分患者会感觉服药后发胖了呢？这可能有两方面的原因：一方面，患者服药后抑郁情绪得到了改善，食欲增加，自然导致体重增加；另一方面，部分抗抑郁药确实存在增加体重的副作用，但这并非由激素所致，而是这些药物作用于组胺受体导致的。患者如果出现体重增加的情况也不要过分担心，可以通过改善饮食习惯和增加体育锻炼等方式来对症处理，千万不能轻易自行停药。

有人说"成年人的世界，应该戒掉情绪"，此话过于极端，真正成熟的人，不是没有情绪的提线木偶，而是不被情绪左右的人。就像罗曼·罗兰所说："世界上只有一种真正的英雄主义，那就是在认清生活的真相后依然热爱生活。"

抑郁症不完全是一件坏事，它也有积极的一面。心理学研究发现，许多从抑郁症中康复的患者，心胸会变得更加宽广，变得更容易接纳自己，思考问题时也会变得更加成熟，更容易感受到愉悦感，就像是得到了一次"人生系统升级"，这就是心理学中的"抑郁后心理繁荣"。所以，抑郁症患者千万不要轻言放弃，要相信风雨后的彩虹更加美丽，那些压不垮你的磨难，最终都会使你变得更加强大。

抑郁倾向测试

大家可以通过下面的 10 个问题简单评估一下自己是否有抑郁倾向，回答"是"的问题越多，说明您的抑郁倾向越严重。如果回答"是"的问题超过 3 个，建议您及时到医院就诊。

在过去两周的大部分时间里，您是否存在以下情况：

① 您是否有生不如死的想法？　　　　　是　　否

② 您是否感觉自己的脑子反应变慢了？　是　　否

③ 您是否感觉自己的未来没有希望？　　是　　否

④ 您是否感觉任何事情都无法引起自己的兴趣？是　否

⑤ 您是否感觉自己睡眠不够或睡眠过多？是　否

⑥ 您是否感觉自己的食欲或体重发生明显改变？是　否

⑦ 您是否感觉精疲力竭？　　　　　　　是　　否

⑧ 您是否出现莫名其妙的紧张和担心？　是　　否

⑨ 您是否尽可能地回避社交活动？　　　是　　否

⑩ 您是否感觉自卑？　　　　　　　　　是　　否

02

左转？右转？

强迫症

今天来到咨询室的年轻人叫小盛，25岁，是一名业务员。小盛毫不掩饰地告诉我，他从几年前开始就得了一种与选择困难症类似的怪病。具体来说，就是他在行走的过程中，一旦前方出现需要自己绕过的障碍物，自己就不知道应该向左转还是向右转。

于是，为了避免这种痛苦，小盛平时会尽量选择待在家里不出门。在万不得已出门的情况下，他也会极其小心地观察路况。为了避免出现尴尬，他通常会在距离前方障碍物很远的地方就开始提前思考"向左转还是向右转"的问题。但他的"思考"方式比较特别，就是每走一步都要在心里默默地报一次数，每走五步就要闭一下眼。如果没有这么做，他就会感到身体被一股强大且神秘的力量撕扯，十分痛苦。

很多时候，小盛根本无法在"左右之间"做出"正确"的选择，最后还要感谢涌动的人流将他随机地挤向一边，代替他做出了这个"艰难"的决定。但刚走几步，小盛就又要开始面临新一轮"左转还是右转"的纠结……如此循环往复。

小盛不知道自己这种怪病是从什么时候开始的，更不知道是什么原因导致的。他自己知道纠结于"左转右转"根本没有意义，也尝试着让自己不去想这个问题，换来的却是更大的痛苦和恐惧。左转还是右转？这个问题成了悬在小盛头上的达摩克利斯之剑，如影随形，让他日夜不得安宁。

别拿强迫症开玩笑

其实，小盛得的并不是怪病，也不是选择困难症，而是一种叫作强迫症的常见精神疾病。那么，强迫症到底是一种什么样的疾病呢？是什么力量驱使小盛出现这种奇怪的行为呢？

强迫症是一种以强迫观念和强迫行为为主要临床表现的精神疾病，通常起病于青壮年，终生患病率为 0.8% ~ 3.0%。患者体验到来源于自我的毫无意义的冲动观念，虽违背自身意愿，但无法控制，十分痛苦。慢性强迫症患者在形成仪式化动作后，虽然精神痛苦可部分缓解，但社会功能和生活质量会受到严重的影响。

现实中，许多人喜欢以强迫症自居来开玩笑，但真正的强迫症一点儿也不好玩，用"不死的癌症"来比喻强迫症患者的痛苦和治疗难度倒是比较贴切。

强迫症多数是在无明显诱因的情况下缓慢起病的，临床主要表现为强迫观念和强迫行为两大类症状，每一类症状又包含多种不同表现，患者可表现出某种单一症状，也可同时出现多种症状。

强迫观念

强迫性意向

患者体验到一种让自己去做违背自己意愿的事情的强烈内心冲动。患者尽管知道这种冲动毫无必要，但无力挣脱，好在这些冲动绝大部分不会被患者转化为行动。例如，一位刚生完孩子的母亲，每次只要抱起孩子，脑子里就会蹦出想要抱着孩子跳楼的想法。

强迫性怀疑

患者反复怀疑或检查自己做过的事情，例如，总是检查家里的燃气阀是否关闭等。其实，我们对类似的检查行为并不陌生，许多做事谨慎的人都存在这种情况，那么是不是做事谨慎就等于强迫性怀疑呢？当然不是，谨慎和强迫还是有明显区别的，我们还是以检查家中燃气阀是否关闭为例来说明这个问题。

做事谨慎的人看重的是行为带来的效果，而强迫症患者在意的是行为的真实性。谨慎的人在反复检查几遍燃气阀门后会心安，而强迫症患者检查次数越多越担心，因为他关心的重点不是燃气阀本身，而是检查行为的真实性和有效性。

谨慎的人就算怀疑某件事情，往往也是有一定现实基础的。之所以要检查燃气阀是否关闭，是因为自己离开家时比较匆忙，确实有可能忘记关闭阀门。而强迫症患者的怀疑往往是荒谬的，不合常理的，他们所担心的是自己的检查方法是否正确。

强迫性穷思竭虑

患者对常见的事物或自然现象进行寻根究底式的思考，明知毫无意义，却无法控制。例如，一位成绩较好的学生在某次考试中写作文时，脑子里突然出现一个疑问：作文为什么要写题目呢？

于是该学生的思维一直在这个没有意义的问题上原地踏步。后来他把自己所有的精力都放在这一问题的研究上，明知没有结果，但不能自控，最终成绩一落千丈，被迫选择了休学。

一直困扰小盛的这个关于"左转右转"的问题，本质上也属于强迫性穷思竭虑。

强迫性回忆

患者的脑海中不由自主地反复出现既往经历过的事情，无法从中挣脱。给我印象最深的是一位失恋的男性患者，他从被分手的那天起，脑子里就全是过去半年时间里和女朋友谈恋爱的情景。无论是吃饭还是工作，患者都没有办法控制自己的思绪不去想这些往事，每次只要想起对方就感到难受。最后，他选择用酒精麻痹自己，变成了一名酒精依赖患者。

强迫行为

强迫洗涤

患者多由于怕脏的观念而表现出反复洗涤物品的行为，其中以反复洗手最为常见。此类患者往往被人描述为"有洁癖"，但他们内心的痛苦是他人无法理解的。洁癖和强迫洗涤看似只是严重程度上的不同，其实二者有本质的区别：

一方面，有洁癖并不影响自己和他人的正常生活，而强迫洗涤患者的日常生活基本无法像正常人一样。患者随时可能出现症状，为了能够马上完成洗手这个动作，患者不惜放下手上任何重要的工作，且洗涤动作往往需要耗费大量时间。

另一方面，有洁癖者不管洗手还是洗衣物，都以清洁为目的，被洗涤的物品在客观上确实存在脏了的情况。而对于强迫洗涤患者，哪怕双手或衣物已经足够干净，也无法阻止他们的洗涤行为，因为他们认为的"脏"是自己主观上的"脏"，只要这种想法持续存在，他们的洗涤行为就无法停止。因此，门诊上经常会遇到那种因反复清洗而双手皮肤破损的强迫症患者。

强迫性计数

患者表现为对走过的台阶或经过自己的路人等反复进行计数，如有错误或遗漏，就会选择重新开始。就像小盛一样，走路时会强制自己对行走的步数进行计数。对此，患者深感痛苦，却又无可奈何。

强迫性仪式动作

患者为了对抗某种强迫观念所引起的不适而逐渐发展起来的刻板动作。

以本文的男主角小盛为例，他总是控制不住地去思考"向左转还是向右转"这个毫无意义的问题。一次偶然的机会，他发现只要记录下行走的步数，这种讨厌的想法就可以出现得少一些。从那以后，他脑子里只要一出现"向左转还是向右转"的问题，他便通过"在心里默默地报数"这种方式来进行对抗，此法起初确实有效，但持续时间不长。当"报数"无法抵抗强迫观念后，小盛就增加一项"闭眼睛"的新动作，而当"闭眼睛"这个动作"失效"后，小盛就再增加"跺两下脚"的新动作……长此以往，小盛就形成了一套特殊的仪式化动作：先在心里默默报数，然后闭眼睛，再跺两下脚……

大多数强迫症患者担心别人看出自己的异常，所以他们选择的仪式化动作往往是一些常规动作，部分严重的患者由于担心别人发现自己的这些"秘密"，会选择回避社交，社会功能受到严重影响。

自己与自己的斗争

其实，强迫症的临床症状多种多样，真的无法一一列出。那么，如何判断我们日常生活中出现的一些观念和行为是否属于强迫症的范畴呢？一般可以从以下三点来判断：

1. 强迫症患者的强迫观念和强迫行为通常会频繁出现。强迫观念具有反复闯入性，而强迫行为多为应对与强迫观念伴随出现的痛苦而被迫执行的一种重复性动作。

2. 患者认为那些强迫观念和行为毫无意义，虽奋力抵抗，但无能为力，即"强迫"和"反强迫"共存。患者脑子里每次只要出现一个无法控制的想法，同时出现的必定还有一个把它马上压抑下去的想法，这个把它马上压抑下去的想法就是"反强迫"，也是患者痛苦的根本原因。所以，强迫症患者并不是"控制不住"，而是"控制过了""控制错了"。他们高估了自己对思维的控制能力，反而使强迫症状更加严重。按照弗洛伊德的观点，强迫症的本质就是"自己与自己的斗争"。森田正马博士将这种现象称为"精神交互作用"，意思是说当个体持续观察某一现象时，个体对这种现象的感觉就会放大，个体的注意力就会越发固着在这一现象上。

心理学上有一个著名的白熊效应，说的也是这个道理。现在我要告诉正在读这段文字的你一件事情："你尽量不要去想一只白颜色的熊。"

怎么样？在接下来的时间里，你脑海中是不是浮现出一只白熊的形象呢？这就是白熊效应。你越是努力不去在意什么，什么给你的印象就越深刻，你试图把它忘记，反而加深了记忆。

当下热议的"精神内耗"问题，其实也属于"精神交互作用"的范畴。精神内耗的本质是在自我控制中做出精神资源的无效消耗。这些精神资源包括稳定的情绪、坚定的意志和充分的自信等。当个体的这些精神资源在"强迫"和"反强迫"之间的相互控制中被一点点消耗掉后，个体就会感到疲惫和痛苦，这些疲惫和痛苦并不是外界强加的，而是个体内心纠结的必然结果，是一种主观上的不良体验。

避免精神内耗，就要拒绝完美主义，最简单的做法就是当大脑里出现不必要的想法时，及时提醒自己："随它去吧。"例如，当你脑海中出现"太阳为什么东升西落"这样的问题时，不要试图去忘记这个想法，而是马上告诉自己："随它去吧。不管太阳东升还是西落，太阳还是那个太阳，我还是我，还是一样工作和生活。"再比如，当你在职场中与同事闹矛盾，下班后脑海中不停地出现"同事对我有意见怎么办"的想法时，不要去试着让自己不想这个问题，而是马上告诉自己："随它去吧，不管同事对我有没有意见，我依然是我，不一样的烟火。"

对于前面提到的小盛，我会告诉他，当你脑海中出现"左转还是右转"的想法时，不要试图去压抑这个想法的出现，而要马上告诉自己："随它去吧，左转怎样，右转又能怎样，还不是一样要走路。"

明白了这个道理，掌握了这个方法，就算不回村见"二舅"，也一样能治愈你的精神内耗。

3. 社会功能受损。患者对某些诱发强迫症状的人、事件及地点出现回避行为。以小盛为例，他经常为了避免"左转还是右转"这种痛苦的出现而选择不外出。当这种回避行为严重时，就会影响他的社会功能，甚至出现精神残疾。

除此之外，患者的社会功能损害还经常表现为无法及时做出调整来应对环境的变化。科学家曾使用小鼠的"反转学习测试"

来验证这一现象。一开始，如果小鼠闻到丁香味后去舔舐饮水管，就会得到一定量的糖水，但如果闻到的是柠檬味，去舔舐饮水管就不会得到糖水。一段时间后，小鼠这种闻到丁香味去舔舐饮水管会得到糖水奖励的行为就得到了强化。后来规则反转，小鼠闻到丁香味后去舔舐饮水管，不会得到糖水作为奖励，但在闻到柠檬味后去舔舐饮水管，可以得到糖水奖励。小鼠一开始并不知道这个规则发生了变化，它需要慢慢去学习新规则，适应新环境，这个过程就是"反转学习"，它通常被用来评估小鼠的认知灵活性和对新环境的适应能力。

另外，科学家还发现，通过基因敲除技术将小鼠脑纹状体内的一种编号为 Sapap3 的蛋白定向删除后，小鼠会表现出过度梳理毛发的行为。与正常小鼠相比，这种被"改造"过的小鼠（也叫 Sapap3 KO 小鼠）梳理毛发的行为显著增多，这也导致它们的颈面部经常出现不同程度的损伤。由于小鼠的这一行为像极了反复洗手的强迫症患者，所以这种特殊的小鼠也被作为强迫症的动物模型供研究者使用。

在"反转学习测试"中，Sapap3 KO 小鼠要比正常小鼠花更多的时间来学习新规则。这也提示，与正常人相比，强迫症患者的认知灵活性和对新环境的适应能力更差。

诊断强迫症并不算困难，真正困难的是强迫症的病因分析和治疗。前文之所以把强迫症比喻为"不死的癌症"，就是因为强迫症的病因分析及治疗与癌症一样复杂。

有患者说"宁愿得十次癌症，也不想得一次强迫症"，这个说法虽然有些夸张，却不无道理。虽然强迫症不像癌症一样明显影响患者的寿命，但它给患者带来的痛苦是来自精神深处的。很多时候，就算强迫症患者将自己的痛苦说出来也很难得到周围人的理解。并且，目前尚无治疗强迫症的特效药物。患上强迫症无疑是给患者一种"无期徒刑"般的绝望体验。

不要强求完美

强迫症的发病机制尚无定论，目前专家们认为，强迫症是以下多种因素综合影响的结果。

遗传因素

研究发现，强迫症患者的一级亲属患病率是普通人群的4倍。所谓一级亲属，是指亲缘系数为0.5的亲属，指一个人的父母、子女，以及同父母所生的兄弟姐妹。

神经生化因素

中枢神经递质（5-羟色胺、去甲肾上腺素、多巴胺和谷氨酸等）的失衡也是强迫症的重要病因。

人格特点因素

研究发现强迫症患者大多具有强迫型人格障碍。具有这种人格特征的人最突出的表现就是追求完美，凡事要么不做，要做就要做到极致，生怕出现丝毫差错。与其说他们追求完美，倒不如说是强求完美。

这里有一个非常实用的小方法可以用来检测一个人是否具有强迫症倾向：观察这个人做一件比较复杂的事情时的顺序，他是提前把所有能想到的问题都解决后再开始呢，还是先开始，然后在进行的过程中再解决遇到的问题。如果这个人属于前者，说明他具有强迫症倾向，因为在这类人的认知里面存在一个不正确的观点：完美比完成更重要。

追求完美的人还有一个特点，就是过分相信自己、不相信他人。他们做任何事情总喜欢亲力亲为，轻易不假手他人。其实，这种做法是非常不理智的，因为一个人就算再才华横溢，他的精力和体力也是有限的，不可能将所有的工作做好，一味地苛求自己，只会让自己越来越累。如同"三顾频烦天下计，两朝开济老臣心"的诸葛亮，事无巨细，大小事务均亲自过问，最终难逃"出师未捷身先死"的命运，留下了"长使英雄泪满襟"的遗憾。后人在推崇诸葛亮"鞠躬尽瘁"的工作态度的同时，也不禁为之感伤：人都累死了，复兴汉室的大业岂不成了无稽之谈？

具有强迫型人格的人要想活得放松，就要学习刘邦。《史记》中有一段关于刘邦称帝后的"获奖感言"："夫运筹策帷帐之中，决胜于千里之外，吾不如子房。镇国家，抚百姓，给馈饷，不绝粮道，吾不如萧何。连百万之军，战必胜，攻必取，吾不如韩信。此三者，皆人杰也，吾能用之，此吾所以取天下也。"

刘邦的这段自述充分说明了一个道理：一个人要想成功，就要学会信任他人，并善于把工作分配给适合的人去做，让专业的人去做专业的事，只有这样，才能达到事半功倍的效果。张良善于谋略，所以让他负责战略问题；萧何善于后勤保障，所以让他负责内政之事；韩信善于带兵，所以让他负责指挥军队。而刘邦要做的，仅是团结他们即可。

心理因素

自心理学建立以来，已经陆陆续续出现了若干心理学派，其中以精神分析学派、行为主义学派和人本主义学派的发展最为迅猛，对人类认知产生的影响也最为深远，因此它们被称为心理学的三大流派。这三大流派对强迫症的病因也分别有着不同的见解。

精神分析学派的学者认为强迫症状的出现主要源于儿童肛欲期（1～3岁）的固着。儿童在这一时期的快感主要通过肛门排便来获得，但排便就意味着制造脏乱，如果父母过严地对儿童进行排便训练，儿童就会过分地去控制自己内心对快感的满足，通过压抑本我的快乐来避免被惩罚。与此同时，儿童也会出现不容易被察觉的焦虑，当他成年后势必会无法忍受脏乱，并试图保持绝对干净。强迫症状就是这种内在冲突的外化表现，所以我们临床中见到的大部分强迫症状都和"怕脏""怕乱"有关。

行为主义学派认为强迫症发生的核心理论是条件反射，当中性刺激与原始刺激相结合形成高一级的条件反射后，焦虑就得到了泛化。具体来说，某种特殊情境先引起了患者的焦虑，然后患者为了减轻焦虑，采取了逃避或回避行为，最终形成了强迫性仪式动作，并持续下去。

听不懂没关系，我们用小盛的症状来深入解释一下：几年前的某天，小盛很可能在某次躲避障碍物时无意间踩到了地上的垃圾（中性刺激），他由于担心沾染细菌（原始刺激）而产生了焦虑，后来慢慢演变成只要转弯（不管地上有没有垃圾，也不管是左转还是右转）就会感觉到焦虑（高级条件反射，焦虑泛化），然后小盛偶然发现在转弯前提前"报数"和"闭眼"（强迫性仪式动作）可以减轻这种焦虑，于是小盛将"报数"和"闭眼"这些行为持续下去，形成强迫症。

人本主义学派认为每个人与生俱来地拥有自我实现和自我完善的能力，只是外界环境的阻碍使这些潜力得不到合理地发挥。当自我观念和外界价值产生冲突时，个体就会感受到焦虑。为了应对这种焦虑，个体会对应产生一系列防御机制。强迫症的发生正是患者安全感的缺乏及对外界环境的不信任导致的，患者为了避免焦虑等冲动情绪的失控而不得已使自己的行为规范化和仪式化。

按照人本主义学派的观点，强迫症患者需要的仅仅是一个安全的外界环境和无条件支持自己的对象。心理治疗师要充分相信患者可以在与客观世界的相互作用中完成自我救赎，用重塑的真实自我来代替外界的评价，按照人本主义心理学代表人物罗杰斯的话来说就是，从面具后面走出来，变回自己。

顺其自然，为所当为

强迫症的治疗一般遵循药物治疗加心理治疗的原则。药物治疗一般以新型的抗抑郁药作为首选药物，但用量普遍较大，疗程较长。另有研究显示，三环类抗抑郁药物氯丙咪嗪对强迫症的治疗效果比新型抗抑郁药更有效，但引起的内分泌系统等的不良反应较大，故通常被作为"备胎"使用。

针对强迫症的心理治疗可以说是百花齐放，几乎每一个流派都有其独到的方法，其中被奉为经典的当属日本森田正马博士创立的森田疗法和奥地利精神科医生弗洛伊德创立的精神分析疗法。这两位传奇人物虽生活在同一时代，但由于东西方文化的差异和成长经历的不同，二人的理论大相径庭。

森田正马读大学时曾饱受焦虑之苦，经常需要向父母要钱治病，有一次治疗费迟迟不到，森田正马就错误地认为父母不关心自己，于是他开始了一种任性的做法：每天通过几乎疯狂的学习来折磨自己和报复父母。出人意料的是，这样的做法不仅使他的学习成绩突飞猛进，而且竟然治愈了他的焦虑。通过研究自己的这段经历，森田正马试着创建自己的理论来帮助更多的人。在他病逝后，他的学生们将这一套理论命名为"森田疗法"。

如果深刻地去研究森田疗法，我们就会发现森田疗法不仅是一种心理治疗方法，更是一门人生哲学。它不提倡像精神分析疗法那样去挖掘患者过去的经历，而是重视患者当前的生活状态，鼓励患者带着症状去生活，在生活中获得启发。

森田疗法的精髓可以总结为十六个字：忍受痛苦、顺其自然、不去关注、为所当为。

忍受痛苦是森田疗法的基础。这也是许多患者无法理解的事情：痛苦是要消除的，为什么要忍受呢？有这种疑问的患者其实还没有深刻理解森田疗法中忍受痛苦的内涵。

忍受痛苦是改变患者不健全人格的一种方式，森田正马认为强迫症患者的人格特征里都具有疑病性因素，它的本质是安全感的缺乏和担心生病的倾向。患者对外界环境要求过高，并追求完美，总是想把周围打造成完美无缺的样子。其实哪里会有完美的世界，最完美的世界就是能包容各种不完美的世界。所以患者想要走出强迫症的怪圈，就要接受自己和外部世界的缺陷。

强迫症患者痛苦的根源恰恰是他们无时无刻不在对抗那些无法改变的客观规律。他们总是试图按照自己的意愿来改变世界的格局和自己的情绪，最后适得其反，亲手将自己送入强迫症的深渊。因此，忍受痛苦就是一个接受痛苦和承认不完美的过程，是促使人格健全的必经之路。

顺其自然是森田疗法的核心。顺其自然不是破罐子破摔，而是竭尽全力后的不强求。花有盛开凋谢，月有阴晴圆缺，既然这些是我们努力也改变不了的客观规律，那么就索性接受。如果我们一味地去抱怨花谢和月缺，必然会徒增烦恼。与其这样，倒不如转换思路，学着去顺应自然规律，说不定就能体会到"花谢香犹在，月缺魂亦满"的别样风情。

之于情绪，亦是如此。比如，当我们面对困难时，总会感觉到焦虑，这其实是一种正常现象，只要坦然面对，随着困难的消失，情绪也会逐渐恢复平稳。但是，如果我们认为这些困难是不应该出现的，是不能被接受的，那么我们势必会变得更加焦虑。试着去认可已经发生的一切，并准备认可即将发生的一切，只有这样，拧巴的情绪才会变得松弛。

不去关注是森田疗法的桥梁。森田正马鼓励患者不去关注强迫症状，把强迫症状当成自己身体的一部分。试问，你平时会在意自己的肝脏长在哪里吗？答案是否定的，因为你已经习惯了肝脏在体内默默工作的状态。强迫症患者要学会对待强迫症状就像对待自己的身体器官一样，无条件地去接纳它。患者只要学会了这个办法，就如同搭建了一座通往健康的桥梁。

正如前文所言，某个观念或行为会形成强迫症状的一个关键因素就是精神交互作用，我们可以通俗地理解为：你越是关注它，它对你的伤害就越大。森田疗法要求患者不去关注，就是要打破这种精神交互作用。

为所当为是森田疗法的目标。森田疗法最理想的结果就是让患者带着强迫症状去工作和生活，去做自己当下应该做的事情，彻底摆脱情绪对行为的控制。为所当为不是让患者等到症状消失后再去做事，而是要求患者先把注意力放到应该做的事情上，这样无形中就会使患者的关注点从内在症状转移到外部世界，从而减轻患者的痛苦。

摘下眼前的布条

精神分析理论治疗强迫症的侧重点是通过挖掘患者的童年创伤和负性生活事件对症状进行合理化的解释，让患者逐渐领悟到症状的真正意义，进而消除症状。如果说森田疗法关注的是如何处理强迫症状，那么精神分析理论更在乎这些症状的起因和出现经过。

许多患者感觉精神分析理论对治疗强迫症并无益处，他们认为长时间的自由联想仅仅解释了强迫症状的起源，并没有对治疗提出任何有效建议。其实这种观点是肤浅的，因为哪怕仅能让患者明白症状因何而来，就足以减轻患者的焦虑情绪和痛苦程度。

这句话是不是不好理解呢？没关系，我们来设计一个场景解释一下。

请你现在找一张椅子坐下，并找一块布条将自己的眼睛完全遮住。请问你现在是什么心情呢？我想应该是比较平静吧，因为尽管你被布条遮住了视线，但你知道自己现居何处，周围有何人，所以周围的环境对你来说是安全的，你完全没有必要担心和焦虑。随后，有人往你喝水的杯子里放了一片安眠药，因为你的眼睛被布条遮住，所以你根本不知道发生的这一切。你喝完水后，就坐在椅子上不知不觉地睡着了，那么等你再次醒来时，你会是什么心情呢？我想应该是恐惧吧，虽然你坐的地方没有变，但你并不知道周围的环境是什么样的，不知道什么人把你带到了这个地方，而你又看不到，也没有人跟你说，所以你的内心一定是恐惧和焦虑的。

这个过程像极了强迫症患者的心路历程。几乎所有的强迫症患者在一开始都认为自己得了怪病，纵使做了各种检查也无法对症状做出解释，如同服用安眠药后刚醒来一样，不知道身处何方，更不知道该去往何处，不知道自己得了何种怪病，更不知道因何而得。精神分析的重要作用就是摘下患者眼前的布条，让患者知道自己周围的环境是安全的，让患者了解自己强迫症状的由来，从而解除患者的痛苦。

其实，"左转右转"的问题不只是强迫症患者需要面对的，我们每个人在这一生中又何尝不是面临一次次的选择呢？左转是一条路，右转又是一条路，不知道哪一条是康庄大道，也不知道哪一条是羊肠小径。如果我们停下脚步，站在人生的十字路口左右观察，就会发现两条路上的人都很多，好像怎么选都没有错，又好像怎么选都是错。这时，彷徨的我们，就需要马上给自己一个提醒：随它去吧，向前直走！

03

摆脱不掉的"黑影"

广泛性焦虑障碍

30岁的销售经理阿紫最近遇到了一个奇怪的情况：在近半年的时间里，她几乎每天晚上都被同一个内容的噩梦惊醒。梦中的阿紫在晚上下班回家经过一条巷子时，总是被身后的一个"黑影"跟踪，每当她回头试图看清这个"黑影"时，"黑影"就瞬间消失。而当阿紫继续赶路时，"黑影"就又出现了，阿紫奋力奔跑，试图摆脱"黑影"，"黑影"却一直紧跟其后……那条巷子前面是黑漆漆的一片，看不到尽头。阿紫对此感到十分困扰，摆脱不掉的"黑影"不仅使她睡眠质量下降，也严重影响了她白天的工作效率。阿紫感觉压力很大，总是有种大祸临头的感觉，不是担心忘记锁门，就是担心燃气没关，整日魂不守舍，还经常无缘无故地出现心慌、出冷汗等症状。

这段奇怪的经历着实让阿紫有些害怕，幸运的是，她选择了来看心理医生，而不是相信那些关于"解梦"的记载。在与阿紫的交谈中，我得知她最近情绪一直不好，不仅工作压力大，与男朋友的感情也出现了问题。综合这些情况，我推断阿紫应该是得了广泛性焦虑障碍。

广泛性焦虑障碍患者有一种持续的且缺乏明确目标的焦虑感，通常伴有显著的自主神经功能紊乱症状，持续数月，且伴有明显的社会功能受损。具体表现在这几个方面：

精神性焦虑

患者主要表现为在没有相应客观刺激的情况下出现持久过分的担心。部分患者的担心往往缺乏明确的对象，仅有一种惶惶不可终日的内心体验，这种担心被称为自由浮动性焦虑。有的患者总是担心未来可能发生一些不好的事情，但这种担心的严重程度与客观现实极不相称，被称为预期性焦虑。

几乎所有人都有紧张、恐惧的时候，但不是每个人都有"焦虑障碍"。其实，焦虑本身只是一种常见的情绪，它分为正常性焦虑和病理性焦虑。只有病理性的焦虑，我们才把它叫作"焦虑障碍"，才需要使用一些医学手段进行干预。举一个简单的例子就可以将二者轻松区分开：

设想你正在森林里散步，这时一只老虎突然出现，向你飞奔而来，此刻你出现的恐惧，就是正常的焦虑反应。换一个场景，你在动物园里，看到关在笼子里的老虎向你跑来，如果你因为担心老虎咬断护栏、跳过围墙来伤害自己而恐慌，那就是病理性焦虑。

由此不难看出，正常性焦虑是有一定客观原因的，容易被理解，反应是适度的，而且当客观刺激消失后，焦虑也会随之消失。而病理性焦虑是无明确原因的，客观刺激与情感反应在程度上是不相称的，焦虑反应是持续的、严重的，且不能随着客观刺激的消失而消失，会影响患者的社会功能。所以，焦虑障碍的患者通常很难在工作或学业中取得优异成绩。

躯体性焦虑

患者主要表现为运动性不安和肌肉紧张。运动性不安也称为精神运动性不安，表现为小动作增多、坐立不安等。而肌肉紧张，多为一组或多组主观上的肌肉紧张感。比如，我们在一项重要考试前夕，因为紧张出现的来回踱步、紧张性头痛等情况，就属于躯体性焦虑。

自主神经功能紊乱

患者主要表现为心动过速、皮肤潮红、出汗、腹痛、便秘或腹泻、尿频、月经紊乱等。

按照弗洛伊德在《梦的解析》一书中的观点，梦把那些被压抑到无意识中的欲望通过包装、扭曲和重新拼接等方式组成新的内容，以逃避超我的审查机制来满足本我的欲望。其中，审查机制就是指道德和法律的约束。这段话看起来晦涩难懂，我们不妨用一个生动的例子来解释。

比如，一个男孩在白天遇到一个非常喜欢的女孩，可惜女孩已婚，男孩倍感遗憾。当天晚上男孩就做了个梦，梦中的自己穿越到封建社会，变身权贵，拥有三妻四妾，并且他的妻妾都长得很像白天遇到的那个女孩。可见，梦是有一定象征意义的。梦中的阿紫总是被追赶，说明阿紫一直处在焦虑的情绪中，梦中的

"黑影"就是导致她焦虑的事件的象征，焦虑的源头可能是巨大的工作压力，也可能是失败的感情经历，还有可能是其他隐形的压力。

这种焦虑具有缺乏明确对象的特点，所以阿紫总是看不清"黑影"的真面目，而那条一眼望去永远是漆黑一片的巷子则代表这种焦虑是指向未来的，是不可预知的。

你是依赖型人格吗？

广泛性焦虑障碍是焦虑障碍中最常见的一种类型。如果把惊恐障碍比作暴风骤雨，来也匆匆、去也匆匆，那么广泛性焦虑障碍就是三月里的小雨，淅淅沥沥地下个不停。尽管发病原因尚不十分明确，但可以肯定的是，广泛性焦虑障碍与依赖型人格障碍密切相关。

在心理学中，依赖型人格障碍是一种过度需要他人照顾以至于产生顺从或依附行为，并害怕分离的心理行为模式，主要与童年的不良经历有关。如果个体在童年时被父母过分溺爱，就容易形成一种父母可以满足自己一切欲望的错误认知，那么在成年后就容易缺乏自信，不敢独立做出决定，最终形成依赖型人格障碍。依赖型人格障碍患者最主要的特点就是过于屈从于别人的意志，习惯将自己的事情交给别人决定，哪怕这些事情是涉及自己人生规划的重大选择。

依赖型人格障碍测试

如果您符合以下 6 项情况中的 3 项以上，那么您极有可能是一位依赖型人格障碍患者。

① 害怕被别人抛弃。

② 过分顺从别人的意愿。

③ 希望并鼓励别人为自己的事情做决定。

④ 不愿意甚至不敢对别人提出合理的要求。

⑤ 由于质疑自我照顾的能力而回避独处。

⑥ 在没有他人提建议的情况下，自己很难做出决定。

改变认知是根本

当前，治疗广泛性焦虑障碍的方式主要是药物治疗和心理治疗，治疗药物以抗抑郁药和抗焦虑药为主。但是，单纯的药物治疗存在不良反应较多、疗效不甚理想等缺点，所以近年来心理治疗逐渐成为热点。而认知行为治疗被认为是目前对广泛性焦虑障碍有效的心理治疗方法。该理论认为，认知可以通过影响个体的情绪来改变其行为，而情绪和行为也可以反过来对认知产生影响。认知行为治疗的具体实施方案会因治疗师的不同而有所差异，但一般都分为三个部分：

① 建立信任关系，帮助患者认识到自己的错误认知。心理治疗师一般会通过分析焦虑产生的原因，让患者认识到焦虑的产生其实是由自己对一些现象的非必要担心和对潜在威胁的过分解读而引起的。

② 教会患者放松，使其在焦虑感来袭时能够及时应对。放松技术既包括腹式呼吸和静默疗法等传统方法，又包括生物反馈仪等现代科学仪器。

腹式呼吸主要是相对于胸式呼吸而言的。做腹式呼吸时要用鼻子深深吸气，直到不能再吸入空气为止，屏住呼吸几秒后再将气体缓缓呼出。它的优点在于，这种节律性的深度呼吸可以增加氧气的摄入量和二氧化碳的排出量，加快血液循环，放松肌肉，缓解焦虑情绪。

静默疗法并不是一个新生事物，许多古老的宗教活动都把静默作为一个改变参与者思想的重要环节。而现代静默技术作为一种应对焦虑的临床手段，已不再具有宗教色彩，流程也得到了简化。现代静默法要求练习者独自待在一间清净的房间，穿着舒适的衣服，以最舒适的姿势静坐，尽量减少外部环境的干扰，同时将自己的注意力全部集中在某种意念或体验上，以此来使情绪平稳。

生物反馈疗法是以条件反射为理论基础发展起来的新型心理治疗方法，基本过程是利用仪器将患者平时意识不到的生理信息（比如，体温、心率、肌电活动等）加以处理，以视觉和听觉的方式反馈给患者，通过训练患者对这些信息的识别及有意识地控制生理心理活动，最终达到调整机能、恢复健康的目的。

③ 通过苏格拉底式提问的方式改变患者的错误认知，达到减少焦虑发作的目的。

古希腊哲学家苏格拉底从不以智者自居，敢于承认自己的无知，对于学生的提问他也从来不给予正面的回答，而是在谈话中让学生自己思索，从中获得启发。苏格拉底认为知识不是别人教会的，而是个体原本就拥有的，只是没有被激活而已，而他自己也不生产知识，只是知识的"助产婆"而已。苏格拉底给自己的任务是帮助和引导他人把那些本来怀在他人肚子里的"知识胎儿"生产出来。

因此，苏格拉底式提问更倾向于连续不断地提问，通过问答的方式让患者逐渐认识到自己的无知，从而引导患者改变自己的错误认知。

以下便是我使用苏格拉底式提问对阿紫进行心理治疗的重点谈话内容：

我："你觉得你有什么不舒服？"

阿紫："我就是经常会担心，不知道为什么，白天担心一些鸡毛蒜皮的小事，晚上就是做噩梦，总是梦见一些奇怪的事情。"

我："你觉得白天的担心和晚上的噩梦有联系吗？"

阿紫："我感觉应该是有联系的，白天和晚上都担心害怕，这种不舒服的感觉不管是白天还是晚上都会出现，而且几乎没什么差别。"

我："你感觉你为什么会出现这种担心和害怕呢？"

阿紫："不知道，就是感觉压力很大，我也不知道为什么会害怕，好像什么都害怕，但是又不知道具体害怕什么，这种感觉让我很难受，每天都不踏实，感觉天要塌下来了一样。"

我："那你觉得你这种担心有必要吗？"

阿紫："嗯，有必要。"

我："你觉得有必要的理由是什么呢？"

阿紫："因为万一这些我担心的事情真的发生了，会给我和我的家庭造成巨大的损失，比如出门忘记关燃气这件事吧，如果真的忘记关燃气，可能就会引起爆炸啊，所以我觉得为这件事担心还是十分有必要的。"

我："那你觉得你担心的事情发生的概率大吗？"

阿紫："还是比较大吧，随时都有可能发生，电视台和报纸上不是经常会出现那些燃气爆炸的报道吗？能发生在别人身上的事，在我身上也能发生吧。"

我："嗯，那这种担心持续多久了呢？"

阿紫："半年吧。"

我："那这半年来，你担心的事情有多少件呢？"

阿紫："没细想过，感觉好多，每天都会出现新的让我担心的事情，而且都是一些小事，但仔细想想这些事也不能算是小事，几乎每件小事都能惹出大祸，这种感觉真的很折磨人。"

我："你再仔细想一下，你担心的这些事情，有几件在现实中真正发生过？"

阿紫："好像没有，但是我控制不住去想啊！而且我担心的这些事情中，如果有一件真正发生就麻烦了，哪天真忘关燃气，就有可能发生火灾啊！"

我："嗯，你说的有道理，那在你担心的时候，你是否有证据证明你没关燃气呢？"

阿紫："好像是没有，只是感觉。"

我："那你试过换一个角度想这件事情吗？"

阿紫："什么意思？怎么换一个角度？"

我："比如，就算真的忘关燃气，是否一定会引发火灾呢？"

阿紫："这个还真没这么想过。"

我："那你现在试着想一想呢？"

阿紫："好的，就算真的没关燃气，我还开着窗户，燃气会飘到窗外，而且也没有火源，不会发生爆炸和火灾。"

我："那有什么证据能验证你的这个想法呢？"

阿紫："这个好像也没法验证，因为我从来没有出现忘关燃气的情况，我只是从书上看到过，燃气只有在一定密闭空间内达到一定浓度，才可能引起爆炸。"

我："现在想一想，如果你担心的事情真的要发生，你会如何做呢？"

阿紫："好像也无能为力，我每次出现担心的时候，也仅是想想而已，从来没有真的回家检查燃气。如此看来，不管是担心还是不担心，都无法阻止要发生的事情，该发生的还是会发生，而且这种事情发生的概率非常小，应该是小概率事件，可以忽略不计。"

我："那你再想一想，如果你担心的事情不发生，你又会如何呢？"

阿紫："那我会很开心啊！我每天回家后看到燃气处于关闭状态，看到一切都正常，我就会很放松。"

我："如果现在你的朋友出现了和你一样的情况，你会怎么帮助他呢？"

阿紫："告诉他担心是多余的，我们要做的就是尽力把眼前的事情做好，坏事情发生的概率小，而且与担不担心没有直接联系，现在有更重要的事情要做。大夫，我好像明白了，我应该转换下思路了。"

…………

针对阿紫这种有广泛性焦虑障碍的患者，我们在进行苏格拉底式提问的时候要摒弃主观因素，对客观原因进行追问，通过一系列"诘问"来引导患者自己找到答案。

一般来说，广泛性焦虑障碍病程较长，有慢性化趋势，而且容易复发。患者的预后存在很大的个体差异，据统计，那些病前性格没有明显缺陷、较早进行干预、症状较轻、病前社会功能较好的患者能够获得较好的预后。

其实，在很多时候，患者需要关注的是如何建造一艘更大的船，而不是担心惊涛骇浪。因此，培养健全的人格、学习应对压力的正确方式，才是预防和治疗广泛性焦虑障碍的关键措施。

04

恐怖片里的心理学

恐惧障碍

你喜欢看恐怖片吗？有的恐怖片主要是营造一种恐怖气氛，看到最后才发现其实就是自己吓唬自己；而有的恐怖片则是通过塑造一个惊悚的生物形象来制造恐怖。你觉得这两种恐怖片哪一种更让人感觉恐怖呢？

如果选择前者，说明你认为恐惧来源于未知，就像有的人害怕黑暗，就是因为黑暗往往让人感到陌生，充满未知；如果你选择后者，说明你认为恐惧来源于已知，因为人在刚来到这世上的时候是没有恐惧的，恐惧其实是成长过程中实践经验增长的产物，就像婴儿会因为好奇去触摸电门，但成人就不会这么做，就是因为成人知道电门的危险，对它心生恐惧而选择远离，"初生牛犊不怕虎"的故事说的也是这个道理。

"吓呆了"是一种怎样的体验？

恐惧到底来源于什么呢？要回答这个问题，我们首先来看看恐惧是如何产生的。

科学家经过研究发现，恐惧感的产生涉及大脑中的低级神经通路和高级神经通路，这两种通路在接收到恐惧刺激后同时启动，相互协作，且彼此影响，共同指导个体采取相应的行为。

低级通路的特点是快速但粗略，恐惧刺激通过丘脑直接到达杏仁核，启动个体防御反应。而高级通路的特点是缓慢但精确，当丘脑接收到恐惧刺激后，先把刺激传递到大脑皮层进行分析，之后大脑皮层再将分析结果投射到杏仁核，启动个体防御反应。

可以看出，不管是高级神经通路还是低级神经通路，它们都以丘脑作为恐惧刺激的接收器，以杏仁核作为恐惧中枢，来启动防御反应。但高级通路比低级通路复杂，多了大脑皮层分析这个环节，所以高级通路需要花费更多的时间。那么，多出来的这个环节具体发挥了什么作用呢？为什么不能略过呢？我们举一个身边常见的例子来说明。

当你一个人在夜间行走时，突然从路边冲出来一个"黑影"，把你吓了一跳，这个"吓了一跳"的过程就是通过低级通路完成的。低级通路遵循"宁可错杀一千，不可错过一个"的原则对待刺激。所以，无论这个"黑影"是什么，低级通路都会把它当作危险刺激，丘脑接收到刺激后，直接传递到杏仁核，第一时间启动防御反应。

而高级通路就比较"聪明"了，因为它具有一定的辨别能力。当丘脑接收到"黑影"的刺激后，先将信号传到大脑皮层。大脑皮层除产生相应情绪外，也会对"黑影"的其他特征进行分析，比如，"黑影"的形态和声音等，然后得出一个综合结论："黑影"原来是自己养的小狗。这时杏仁核就会被告知环境安全，不启动防御反应，所以就有了我们平时先是被"吓了一跳"，随之感到恐惧，最后在搞清楚整个事件后又恢复平静的过程。

反之，如果"黑影"被大脑皮层评估为一名持刀歹徒，那么杏仁核就会发出环境危险的预警信号，并启动防御反应。参与防御反应的主要是交感－肾上腺髓质系统。这个系统兴奋时可引起个体血压升高、心跳呼吸加快、瞳孔放大和胃肠蠕动减慢等症状，这种生理变化是刻在人类基因中的，基本无法改变。

在漫长的进化过程中，人类经常要面对猛兽或自然灾害的威胁，交感－肾上腺髓质系统存在的目的就是让人快速进入"过度觉醒"状态以应对危险。血压升高和心跳加快是为了增加血液输出量，加速新陈代谢，并对全身血液进行重新分布，因为在面对危险时要思考和运动，所以大脑和肌肉需要更多的血量来补充营养。而皮肤和胃肠道这种暂时用不上的器官就会得到较少的血液，这就是为什么人在遇到危险时容易脸色煞白和忘记饥饿。

回忆一下电影里两个人打架的场景就可以很好地理解以上的生理变化了。打斗开始前，双方肯定都大口喘粗气、心跳加速、双眼圆睁、肌肉紧绷、反应敏捷，这时他们肯定不会在意胃内是否还有没消化的食物，因为他们需要调动自身的全部潜能来随时判断局势：当一方相对较弱时，另一方会选择战斗（fight）；而当一方相对较强时，另一方就会选择逃跑（flight）；如果一方过于强大，另一方会下意识地僵住不动（freeze）。

战斗反应和逃跑反应很好理解，归根到底是人趋利避害的本能在作祟，而出现僵住反应是什么原因呢？是就地等待危险来伤害自己吗？当然不是，"僵住"其实也是人类进化而来的一种动物本能，它原本的意义在于通过"装死"让敌人对自己失去兴趣，或是降低被敌人发现的可能性。这一现象在人类身上就演变为常见的"吓呆了"。

"To be, or not to be（生存还是毁灭）"这句话把哈姆雷特面对选择时的无奈体现得淋漓尽致，而"fight or flight or freeze（战斗－逃跑－僵住反应）"则更多地体现出人类为了生存所做出的努力。把恐惧定义为人类最重要的情感反应一点也不为过，因为人类只有进化出了恐惧，才会主动躲避危险，可以说，没有恐惧就没有我们人类。

恐惧，是个体对某种客观事物或环境产生的极度紧张害怕的状态，它是一种有明确目标并伴有回避行为的严重焦虑。恐惧反应要求机体在最短时间内对周围环境做出最准确的评估，并做出对自己最有利的决定和动作，这种"过度警觉"状态虽然具有很高的效率，但消耗的能量也是巨大的，会对人体产生危害。研究已证实，许多慢性疾病，如高血压和胃溃疡等，都与个体长期处于恐惧情绪中有关。

恐惧障碍，也就是我们平时所说的恐惧症，是一种以恐惧情绪为主要表现的精神疾病。与正常恐惧不同的是，恐惧障碍患者对危险进行了放大化的评估，明知没有必要但难以自制，并且对即将可能要遭遇的危险存在预期性焦虑，从而严重影响正常的社会功能。

特殊恐惧障碍

小程是一个在贫困家庭中长大的孩子，从小品学兼优，被老师和家长寄予厚望。因父母长期患病，小程暗下决心，长大后一定要成为一名优秀的医生，为父母和其他患者治病。功夫不负有心人，小程以优异的成绩被一所名牌医学院校录取，朝着自己的梦想又前进了一步。

大学的生活是丰富多彩的，小程每天沉浸在知识的海洋中，像海绵一样汲取着各类知识。然而，从一次实验课开始，小程的求学之路就开始变得异常坎坷。那节实验课上，老师让大家对实验兔子进行解剖，这是小程第一次接触手术刀。当她小心翼翼地切开兔子的皮肤看到鲜血一点点渗出的时候，她突然感到一阵头晕，继而面色苍白、四肢发抖，最后眼前一黑，晕倒在地，过了大约 10 分钟才苏醒过来。小程觉得这次晕倒来得莫名其妙，于是就去医院做了详细的检查，结果显示一切正常，小程也就逐渐把此事淡忘了。

但在后来的几次实验课上，小程每次在见到血后还是紧张害怕，严重时还是会晕倒，这种情况导致她不敢再去上实验课。于是，小程被校医建议到心理科就诊，这才搞清楚了问题的来龙去脉。原来小程不是身体虚，而是得了"晕血症"。得知这个结果后，小程的心情跌落到了谷底，要知道她可是一位医学生，以后不管是在内科还是外科工作，都不可能不见血的。自己辛辛苦苦考上的医学专业，可能要因"晕血症"而终止了。是放弃医学另择他路，还是努力克服继续坚持，小程一时也陷入了迷茫。

"晕血症"也就是血液恐惧症，属于特殊恐惧障碍的一种。如同许多女孩对蟑螂和老鼠的恐惧一样，血液恐惧症患者表现为对血液的极度恐惧。几乎每个人都有害怕的事物或场景，如怕黑、怕高、怕打针、怕狗，等等。但只要不像小程这样因恐惧而影响正常的学习和生活就不算是异常。

让特殊恐惧障碍患者感到恐惧的并不是那些特定的事物和场景，而是那些事物带来的不好的后果。比如，一位女孩害怕老鼠，其实让她感到恐惧的并不是老鼠本身，而是老鼠带来的病毒和细菌。如果所有的老鼠都干干净净、性格温顺，像动画片中的老鼠那样可爱，相信许多女孩会喜欢上这种毛茸茸的小动物。

再比如前面提到的小程，她之所以会对血液产生恐惧，与其性格胆小无关，很有可能与她之前受过相关的心理创伤有关。由于父母长期身体不好，小程经常需要陪父母到医院就诊，那么就不可避免地见到流血的场景，几乎每一个流血的场景都伴随着患者的疼痛和呻吟。尤其是当小程看到自己父母流血的时候，那种酸楚和心疼的体验更是无以言表。她埋怨自己的无能，无法消除父母的病痛，而这也成了她报考医学院的主要动力。久而久之，这些关于血的记忆就在她的潜意识中与父母的痛苦和自己的内疚产生了关联，从而导致小程对血液产生了不自觉的恐惧。

明白了特殊恐惧障碍的心理学机制，我们就可以用它来解释许多当下流行的社会心理现象，"恐婚"就是其中很具代表性的一个。

门诊上经常有人问我这样一个问题：不结婚是不是病？

其实，不结婚和结婚一样，只是一种生活方式，当然不是病。但如果不结婚的原因是对婚姻的恐惧，那么就要另当别论了。

恐婚者其实跟其他特殊恐惧障碍患者一样，让他们感到恐惧的并不是婚姻本身，而是担心婚后自己的生活质量会降低。如果与他们结婚的对象是完美的"梦中情人"，各方面条件都完全符合自己的要求，相信没有人会拒绝步入婚姻的殿堂。

现实中存在着这样一部分适婚男女，他们一边恐惧婚姻给自己带来的束缚，一边又积极地在相亲市场上权衡利弊，寻找与自己适配度最高的结婚对象，这种"单身不单心"的情况从严格意义上说就不能算婚姻恐惧症。

如果适婚男女因恐惧婚后的生活状态变差而放弃了结婚的念头，甚至拒绝接触异性，那么就可被诊断为婚姻恐惧症。由此我们不难看出，恐惧的事物或场景是否引起个体的回避行为才是恐惧症的核心。

系统脱敏疗法是治疗特殊恐惧障碍最常用的方法之一。它的原理是先让患者暴露于造成他心理恐惧的事物或场景之中，然后使用放松技巧逐步使患者摆脱焦虑和恐惧。

系统脱敏疗法的过程和"接近效应"有异曲同工之妙。"接近效应"说的是人们对某个事物的喜爱程度会随着这个事物出现次数的增加而增加。这一心理学现象经常在我们的日常交往中得到验证：我们总是倾向于和那些我们经常见面的人成为恋人或朋友。所以，如果我们想让别人喜欢自己，就要多参加集体活动，多找机会展示自己，在群体中混个"脸儿熟"。

对恐惧的事物也是如此。如果我们发现自己开始对某种事物产生恐惧，可以试着慢慢去接近它、了解它。当我们在这个过程中发现那些原本预期的坏事情并没有发生时，我们就会接受它，说不定还会喜欢上它。

除了系统脱敏疗法这种较缓和的治疗方法，还有一种比较快速的治疗方法，就是暴露疗法（也叫满灌疗法或冲击疗法）。暴露疗法是直接让患者面对他最害怕的事物或进入使他最恐惧的情景当中，迅速矫正患者的错误认知，达到消除恐惧的目的。还是以小程为例，暴露疗法是直接省掉前面几个恐惧级别，直接让小程面对最高的恐惧等级，即不戴手套触碰血液。可以想象，小程会因极度恐惧而出现心跳加速、呼吸困难等各种不适，但当她强迫自己坚持一段时间后，会发现自己预想的那种灾难性事件并没有发生，自己依然好好地活着，那么她对血液的恐惧感也会随之减退。

暴露疗法的优点是时间短，不需要提前对患者进行放松训练；它的缺点是对患者的身心冲击较大。所以，哪怕是在抢救设备齐全的诊室，对于那些身体素质较差的患者，心理治疗师也应慎用此法，避免发生意外。

场所恐惧障碍

认识小丹是在周日的心理咨询门诊。她虽然大学毕业才两年，但是已经换了五份工作。小丹说，她不能接受有出差任务的工作，哪怕挣钱再多也接受不了，所以一旦上司要派她出差，她就会想办法逃避，如果实在逃避不了，就提出辞职。许多人都不能理解小丹这种任性的做法，包括她的父母和朋友，他们认为小丹太矫情：不就是出个差嘛，有什么大不了的，至于辞职吗？但我相信小丹肯定有她的难言之隐。

原来，小丹是一位在父母的宠爱中长大的乖乖女，父母出于对她人身安全的考虑，连大学都要求小丹在本市就读，导致小丹从小到大都没有机会离开家乡，她甚至都没有坐过长途汽车。小丹大学毕业后的第一份工作是售后服务，每天基本就是坐在电脑前接电话、打电话。她原本以为自己的生活会一直这样风平浪静地进行下去。直到有一天，上司通知小丹要坐高铁去外地参加一个会议，这种安逸的生活状态被彻底打破了。

据小丹回忆，当她站在高铁站空旷的广场上准备购票出发时，突然感到自己心跳加速、头晕目眩、呼吸困难、浑身发抖，还有一种不能自控的感觉，这种感觉很奇怪，就像是坐过山车时突然被甩出去，在空中做自由落体运动一样。身边的同事紧急拨打急救电话，但当救护车到来时，小丹神奇地恢复正常了，医生给小丹做了心电图检查，也未发现异常。

在随后的日子里，小丹接二连三地出现过好几次类似的情况，每次都是在空旷处突然发作，持续20分钟左右就自动好转。时间一长，小丹就开始刻意回避机场、商场和火车站这种有空旷区域的场所，也开始拒绝那些有出差要求的工作。按照小丹的说法，她之所以害怕那些场所，是害怕自己发作后不能得到及时有效的救治，为此小丹也是很苦恼，尽管她自知这些担心其实是完全没有必要的，但就是无法控制。

小丹的这种表现是临床上典型的场所恐惧障碍的症状。患者通常表现出对特定场所的恐惧，比如，广场、商场、山谷、剧院等。场所恐惧障碍患者的心理特征一般是担心不能及时逃离所处场所或发病后无法得到及时有效的救助，进而产生回避行为。但也有部分患者在有熟人陪伴的情况下可以进入这些场所，而不产生恐惧情绪。

场所恐惧障碍的病因与童年时期受到过度保护有关，在治疗上仍然多采用系统脱敏疗法和暴露疗法，药物治疗也有一定的效果，但大多用于短期治疗。

社交焦虑障碍

刚升入大学的小红，尽管摆脱了高中枯燥压抑的环境，但并没有体验到预想中的轻松和快乐。她总是一个人发呆、流泪，最后发展到不愿意上学。父母和老师看在眼里，急在心中，只好带她求助心理医生。

在心理医生耐心的诱导下，小红终于打开了心扉。原来小红从小就性格内向，不善交际，中学时因为绝大部分精力都在学习上，所以她还没有觉得自己与别人有什么不一样。自从上了大学，小红就发现，虽然学业压力减轻了不少，社交活动却越来越多。每次集体活动时，小红都会感到无比紧张，别人一旦关注到自己就会让她感到不知所措，更别提主动站在讲台上发言了。

不仅如此，小红私下里也不敢主动跟同学打招呼，害怕跟同学说话，别人主动跟她说话时，她也不敢看对方的眼睛。有时候远远看到同学向自己走过来，小红会选择低头玩手机，装作很忙的样子回避可能出现的交流。尽管她内心深处有着与人交往的强烈渴望，但始终缺乏走出第一步的勇气和信心。

逐渐地，小红开始变得自卑，并感觉自己是个另类，无法像其他同学那样自由地与他人交流，也找不到可以一起玩耍的小伙伴，每天都是一个人孤零零地上课、下课、吃饭、回宿舍……心理医生根据以上的描述，判断小红得了社交恐惧症。

社交焦虑障碍又称社交恐惧症，是以在社交场合持续紧张或恐惧并产生回避社交行为作为主要临床表现的一种焦虑恐惧障碍，女性较男性多见，一般与童年时期的不良生活经历及自卑性格有关。患者通常因过分担心自己在公众面前出丑和过分在意别人对自己的评价，而对自己产生不客观的负性评价，这些负性评价又加重了患者的自卑。

按照心理学家阿德勒的理论：自卑感是人与生俱来的人格特征，是人类的一种自我保护机制。正是由于自卑感的存在，人类才能认识到自身的弱小，才会在主动避免一些现实中的危险的同时，提升自身的生存技能来应对外界环境的威胁。所以说，自卑是一把双刃剑，它可以成为鞭策我们进步的动力，也可以成为我们成功路上的荆棘。因此，阿德勒把那些被个体夸大的且对个体产生持续消极影响的不自信，称为"自卑情结"，我们日常提到的"自卑"，其实指的是"自卑情结"。想要彻底消灭自卑情结是十分困难的，许多人的一生都是在与自己的自卑情结的对抗中度过的。

大多数人当众讲话时会感觉到紧张，就算是私下的个人交往，性格比较内向的人也会表现得不那么自然。那么，正常的羞怯和社交恐惧症有什么区别呢？

一方面，社交恐惧症的症状较重，持续时间较长，严重影响患者的正常生活。另一方面，社交恐惧症患者明知道这种恐惧和回避是不切实际的，但无法控制。由此可以简单概括：社交恐惧症就是严重的羞怯，当羞怯严重到阻碍个体参与其期待的社交活动或在社交活动中出现明显痛苦时，就成了社交恐惧症。

其实，有些人之所以会有社交恐惧症，就是因为他们很多时候是在"假装"社交，在社交过程中不敢表现出真实的自我，总是担心别人看不起自己。他们的内心存在一个近乎完美的自我形象，期待自己在每次社交活动中都妙语连珠、雄辩四方。他们一旦发现自己在社交中有不如意的表现，就会陷入深深的自责，并开始否定自己。

要治疗社交恐惧症，首先要消除患者对自己的高要求，如果短期内无法改变这种认知，可以先从改变行动入手，让行动慢慢影响认知。以下就是几个简单有效的初级社交小技巧：

① 与人交谈时，试着去看对方的眼睛，如果不敢直视对方的眼睛，那么就看对方的额头。

② 不知道说什么的时候，就试着夸奖对方，从穿衣打扮到行事作风，没有人会拒绝一个欣赏自己的人。

③ 适当放慢自己说话时的语速，这样不仅可以提升自己的气场，还能显得自己从容。

如果想进一步提高自己的社交技巧，就需要掌握一个重要技能，那就是模仿。可以选择一部关于人际关系的电视剧，模仿剧中那个与自己身份相似的角色的言谈举止。由于影视作品的角色和情节设定都来源于日常生活，你会很容易从剧中的人物里找到自己的影子，你需要做的就是反复观看，学习剧中人物的沟通方式和谈话技巧，并有意识地将它们运用到自己的日常生活和工作中。

模仿其实是人类最重要的学习方式之一，贯穿我们的一生。从幼儿时的咿呀学语，到成年后的工作，人生每一项重要技能的获得几乎都有模仿的印记。所以，找对目标，坚持下去，一段时间后，你或许会惊喜地发现，自己原来也是一位社交达人。

恐惧是人类进化过程中出现的一种基础情绪，它不仅让人类远离威胁，而且潜移默化地影响了我们日常生活中的许多行为。比如，心理学上著名的"吊桥效应"：当一个人在两座山崖之间摇摇晃晃的吊桥上行走时，通常会心跳加速，如果此时遇见一位异性，则更容易对其有好感。这是因为，当人体处于恐惧情绪中时心跳会加速，这时人体就会把这种心跳加速误认为是心动的感觉。换句话说，大脑功能会被恐惧情绪干扰，从而对客观世界做出错误的解读。如同"英雄救美"的故事情节一样，在心惊肉跳的搏斗后，获救女子通常会有以身相许的表白，其理论基础也在于此。但这同时也提醒我们：不要在情绪激动的时候做任何重大决定。

回到开篇时提出的问题，哪种恐怖片更让人感觉恐怖呢？从心理学角度来看，二者仅仅是形式上的不同，其本质几乎一样，都是通过引起观影者的恐惧情绪来达到精神放松的目的。当观影者观看恐怖片时，大脑会跟随恐怖片的情节快速进入"过度警觉"状态，观影者的肾上腺素开始分泌，心跳加速、血压升高。观影者也会根据情节的恐怖程度选择应对方式：如果情节过于恐怖，观影者会 flight（停止观看）或者 freeze（被吓傻了）；如果情节不那么恐怖，观影者则会 fight（继续观看）。当影片结束后，"过度警觉"状态也随之解除，在这一张一弛间，大脑得到了放松，观影者也体验到了酣畅淋漓的感觉。

05

"起死回生"的神秘药片

惊恐障碍

如果我说这个世界上有一种"神药"，能在半小时内让人起死回生，你肯定以为我在编故事。但是现实中，真的有人相信这种"神药"的存在。

这已经是正在准备毕业论文的敏敏一个月内第三次被120救护车送到医院了。之前进医院的两次与这一次如出一辙，都是因为突如其来的心跳加快和强烈的窒息感，像心脏病发作一样，敏敏感觉自己随时都会死去。而最让敏敏百思不得其解的是，尽管检查做了一大堆，但没有发现什么异常，每次都是那个白色药片让她的症状得以消失。

每一次就诊，医生都会告知敏敏，她的心脏和呼吸系统都没有问题，以后再遇到同样的情况，不需要来急诊，自行口服一片药物即可。敏敏却半信半疑，她始终认为自己的身体可能出现了问题，不然才23岁的自己怎么会无缘无故地反复出现不适呢？于是，敏敏选择了几家不同的医院，进行了多次健康体检，但结果都是一致的：敏敏的身体很健康。一头雾水的敏敏此时就像一位侦探，努力寻找着各种蛛丝马迹，试图来解开自己身体的谜团：我既然没有病，为什么会感到窒息呢？又为什么要吃药呢？

直到有一天，敏敏在研究医生给她开的那盒白色药片的说明书时，发现上面赫然印着"精神药品"四个字。敏敏瞬间被吓出了一身冷汗，"难道我得了精神病？""还是医生开错药了？"带着这些疑问，敏敏鼓足勇气来到精神科门诊。

通过回顾敏敏的病史及就医记录，我基本可以断定，敏敏得的是一种被称为惊恐障碍的精神疾病，英文名称是panic disorder。其中panic（惊恐）一词来源于古希腊神话中的牧神Pan（潘），他面目丑陋且喜欢搞恶作剧，常从隐蔽处突然跳出，把路人吓得惊慌失措，故panic也就有了"惊恐"的意思。

奇怪的"心脏病"

惊恐障碍是一种以惊恐发作为特征的急性焦虑障碍，可以在患者任何状态下发生，常伴有胸闷、呼吸困难、心跳加快等自主神经功能紊乱症状，严重者会出现不可预测的"濒死感"和"失控感"，在几分钟内迅速达到高峰，大部分在半小时内可自行缓解。患者常误以为自己心脏病发作，为此十分恐慌。部分患者甚至害怕独居，就是担心再次发作时没有人帮自己拨打急救电话。

惊恐障碍属于精神科急症，任何年龄阶段的人都有可能发生，研究发现15～19岁是发病的高峰期，且女孩较男孩更常见，其症状特点主要表现为以下几点：

恐惧感发生突然且程度严重

惊恐障碍的恐惧感与恐惧症的恐惧感不同，恐惧症的恐惧感往往针对某一特定场所或特定事物。例如，如果你害怕蟑螂，当一只蟑螂突然出现在你面前时，你会产生恐惧情绪，但当蟑螂走后，这种恐惧情绪就随之消失了，这就是恐惧症的恐惧感。

但惊恐障碍的恐惧感的出现是没有任何征兆的，是不可预测的，可以在任何背景下突然发生。当患者在海边漫步时、在路边等公交车时、在教室认真学习时、在健身房运动时，都有可能产生恐惧情绪，而且这种恐惧情绪让患者感觉窒息、眩晕、四肢麻木，让患者有种"心脏要停止"的感觉。但值得庆幸的是，这种恐惧感从开始到结束的时间较短，一般在半小时内就可自行消失，超过一个小时的惊恐发作十分少见。

究其原因，可能是患者的杏仁核功能过于敏感，敏感的杏仁核时不时地摆脱前额皮质的"监管"，释放出危险信号，让患者产生恐惧感。但随后前额皮质就会发现这种异常，刺激神经元分泌一种叫乙酰胆碱的神经递质来减慢患者的心跳和呼吸，"镇压"杏仁核的这种"越狱"行为，稳定患者情绪。

对后果的过分担心

惊恐障碍是一种易复发的精神疾病，患者在两次发作之间的间歇期中虽然可以保持意识清晰和社会功能正常，但精神高度紧张，往往会持续关注或担心这种"灾难性"的体验会再次出现。

大部分患者会因此而出现回避行为，即患者会刻意避开那些会引起他们痛苦的事件或场所。例如，如果患者曾经在家里有过惊恐发作的经历，那么他就有可能从此害怕一个人在家，原因是担心再次发作时没有人能够帮助自己。还有部分患者因为既往在人群中出现过惊恐发作，此后就不敢到人多、热闹的场所，甚至最后发展成场所恐惧症。

没有相对应的躯体疾病

惊恐障碍往往伴有严重的躯体不适感，这些不适感包括哽咽感、窒息感、失控感和晕厥感等。这些症状的出现容易让患者误认为自己得了某种严重的躯体疾病，为此反复就诊于各大医院，浪费大量精力和医疗资源。

在今天看来，患者反复就诊求证的做法好像有点小题大做，其实是可以理解的。因为在过去很长一段时间里，这个领域的学者们都被惊恐障碍所"欺骗"，认为惊恐障碍是一种心脏疾病。直到 20 世纪 40 年代，才有学者提出惊恐障碍是一种精神疾病。

药物治疗与心理治疗缺一不可

惊恐障碍的病因尚不十分清楚，但可以明确的是，个体在面临巨大的心理压力时更容易患上惊恐障碍。从生物—心理—社会医学模式来看，惊恐障碍的发病极有可能是遗传因素与社会心理因素共同作用的结果。好在目前针对惊恐障碍的治疗方法还是有的，效果也是显著的，治疗的短期目标是控制患者的症状，远期目标是预防再次发作。

药物治疗

针对惊恐障碍起效快的治疗药物是苯二氮䓬类药物，也就是我们常说的"安定类药物"。这类药物在本质上属于抗焦虑药，在临床中除了用于治疗失眠外，还是急性焦虑发作的特效药。让敏敏起死回生的"神药"的通用名为艾司唑仑，是一种常用的苯二氮䓬类药物，和它药理机制相似的还有阿普唑仑、劳拉西泮等。

值得一提的是，患者每次惊恐发作的持续时间一般不会超过半小时，而"神药"起效往往需要半小时以上，也就是说，很多时候还没等到"神药"起效，患者的恐惧感就已经自动消失了。

那么，如何预防惊恐障碍复发就显得尤为重要了，像艾司唑仑这种苯二氮䓬类药物存在着药物滥用和药物依赖的风险，所以只能临时使用，并不建议长期服用。目前，临床中适合长期服用的一线药物主要是前文中提到的抗抑郁药（SSRIs 和 SNRIs）。

心理治疗

相对于其他心理学流派，认知行为治疗（CBT）对惊恐障碍的疗效得到了大部分学者的认可。该理论认为，惊恐障碍的发生是由于患者错误地为一些无关紧要的刺激赋予了特殊的意义，并进行了灾难化的评估，从而引起继发的情绪和行为反应。这些反应又反过来加重了刺激对个体的影响和个体对刺激的敏感性，进而形成恶性循环。患者无法感知这些认知层面的错误，仅采取不同的方式来应对这些情绪和行为反应。

比如，患者曾目睹了家人突发心脏病死亡的整个过程，家人临死前的呼吸困难、胸部疼痛等痛苦表现给他留下了十分恐怖的印象。那么，在日后生活中的某个特殊场景，患者对心脏病发作的这种恐怖印象就可能被轻微的心慌或气短重新激发出来，使患者将这些生理性的正常变化误认为心脏病发作，从而出现"濒死感"体验。

CBT就是帮助患者纠正错误的认知，让他们明确自己的身体和感觉是正常的，并通过行为试验加以验证。

综合以上信息，我给敏敏拟定了药物治疗与心理治疗联合的治疗方案。

药物治疗

敏敏每天早晨口服一片帕罗西汀（治疗的基础药物），同时随身携带"神药"艾司唑仑备用，增加安全感。这样，当敏敏在任何情况下出现惊恐发作或是有预感要出现惊恐发作时，可以及时口服"神药"，然后到一个安全的地方休息半小时。

心理治疗

我对敏敏实施的CBT主要从两方面入手：一方面要从认知上帮助她改变对惊恐障碍的错误认知，打破不良情绪和行为的敏感反应与外在刺激之间的恶性循环。另一方面是在行为上让她对引起惊恐发作的刺激去敏感化。具体流程分为以下几个阶段：

① 解释病情：这一部分主要是我向敏敏说明惊恐障碍的发病

原因和发病机制，让敏敏了解这种疾病的特点和应对方式，让她确信自己的身体没有任何器质性疾病，打消她的疑虑，使她确立战胜疾病的信心。

② 监测惊恐发作：我会要求敏敏尽可能详细地记录下每次惊恐发作的信息。比如：发作的地点和时间、发作的频率、发作时有无预感及发作时自己的情绪状态和应对方式等。

③ 放松训练：最常见的放松训练是有节律的深度腹式呼吸。这种呼吸方式可以帮助敏敏缓解躯体上的紧张，也可部分缓解惊恐发作时的症状。

④ 重建认知：这个阶段的主要目的是在前期工作基础上帮助敏敏纠正既往对惊恐障碍的认知偏差，让敏敏明确自己对惊恐障碍的那种灾难化认知是错误的、是不切实际的。在治疗过程中，我会用到过度换气这一技术手段来增强疗效。

看到过度换气，大家不要感到害怕，它其实只是模拟惊恐发作的一种技术手段而已。我们人类在长期的进化中，体内形成了一套窒息监测系统。这个系统可以随时监测体内二氧化碳的浓度，一旦二氧化碳浓度较高，它就会对大脑发出缺氧信号，并同时产生恐惧情绪。研究发现，相比于正常人群，惊恐障碍患者对二氧化碳的浓度变化更加敏感，也更容易通过过度换气来激发出恐惧情绪。医生利用人工诱导出的这种恐惧情绪让患者产生惊恐体验，然后使用放松技巧或者药物来控制症状，让患者体验惊恐发作的全过程，修正自己对该疾病的错误认知。

⑤恐怖环境去敏感化：我会鼓励敏敏反复回忆并接触既往出现过惊恐发作的场景，促使她不再出现回避行为，从而恢复社会功能。

信念也是一味"神药"

半年后，当我再次见到敏敏时，她已经顺利大学毕业了，并且已经停用帕罗西汀了。她自述在这段与惊恐障碍斗争的日子里，领悟到了许多东西，其中最重要的一点是，信念真的很重要。

据敏敏回忆，在治疗前期，她有时会忘记随身携带艾司唑仑，刚开始的几次，她发现后会立刻疯了一样地跑回家去拿，她甚至还自嘲道："有时候没带艾司唑仑，就感觉像出门忘带手机一样别扭。"但后来随着病情的好转，惊恐发作的次数越来越少，她也就慢慢将艾司唑仑看得没那么重要了。直到有一天，在地铁站等地铁时，她与那种久违的恐惧感再次不期而遇：头皮发麻发紧，忍不住地颤抖，胸口像被巨石压住一样。她下意识地一摸口袋：完了，没带药。

怎么办？怎么办？她瞬间脑子一片空白、心跳加快、呼吸困难、浑身发麻，这种感觉对她来说太熟悉了。但敏敏这一次没有求救，也没有拨打120急救电话，而是试着靠着墙坐了下来，一边做深呼吸，一边在心里默念：这不是心脏病发作，这只是一次惊恐发作，一会儿就能过去，一会儿就能过去……果然，过了大约10分钟，敏敏的心率逐渐降了下来，身上的不适感也慢慢地消失了。

有了这次"自救"经验后，敏敏对战胜疾病更有信心了，她不再随身携带"神药"了，也不再害怕惊恐发作时的恐惧感了。

原来，信念也是一味能让自己"起死回生"的"神药"。

06

身体的语言

躯体忧虑障碍

37 岁的大志是一名警察，平时工作兢兢业业，做事也小心谨慎，在办案过程中更是不会放过任何蛛丝马迹。由于业务能力强，他早早地就被提拔为部门的负责人，这使得他本来就紧张的生活变得更加忙碌，每天不仅要处理复杂的业务问题，还要负责协调人际关系。为此，大志经常感觉压力巨大，不知不觉中就得了一种怪病，全身肌肉疼痛，浑身无力，心烦意乱。刚开始的时候，大志并未在意，觉得可能就是工作太累了，半年后，他的症状愈发严重，有时候镇痛药都缓解不了肌肉疼痛症状。而且越心烦，疼痛越严重，疼痛越严重，心情越烦躁，这就形成了一个恶性循环。

于是，大志开始了他的漫漫求医路。在几年时间里，他花了十几万元，咨询过全国各大知名医院的无数专家。骨科、神经科、风湿免疫科、皮肤科等科室都留下了大志的就诊记录，各种先进的检查也做了好几遍，专家们将他的症状大多诊断为"肌纤维痛"或"疼痛综合征"，相关的药物也吃了一大堆，但症状一直未有实质性的好转，各位专家对大志病情的解释也无法让他认可。

走投无路的大志最后听从了一位专家的建议，带着将信将疑的态度来到了心理咨询门诊。

"这种疼痛有时候就像体内一团游走的气体，想到哪里，它就走到哪里，可是我也不练习气功啊！"

"我一定是得了一种罕见的疾病，不然为什么这么多著名的专家都治不好？"

"有时候我真想让医生给我打一支吗啡，让我能够短暂地摆脱疼痛困扰。"

"好多医生说我得的是'神经病'，我怎么就成'神经病'了？我又不是'疯子'。"

"朋友都说我是得了心理疾病，让我接受心理咨询。真是可笑，我花了那么多钱，做了那么多检查，难道疼痛能被聊天治愈？还不如找个医生把我解剖了，起码能让我知道自己得的是什么病。"

从大志急促的话语中，我明显感到了他的焦虑，还有他对精神疾病的误解。其实，精神病患者并不是"疯子"，精神疾病的范围是非常广泛的，除了精神分裂症这样的重性精神疾病外，也包括失眠和适应障碍这样的轻性精神疾病。大志所说的"神经病"通常是指认知功能受损严重的重性精神疾病，这是人们对精神疾病的一种偏见。

神经病与精神病

神经病和精神病有着本质的区别。神经病是指神经系统的疾病，比如，半身不遂、脑炎等，这些疾病可以通过核磁共振等医学仪器来明确病因。精神病主要体现为患者思维和情感等方面的异常。与神经病患者相比，精神病患者的影像学及实验室检查均没有明显的特异性改变。精神疾病属于功能性疾病，迄今为止尚无法通过影像学等客观检查来确诊。一言以蔽之：看得见的是神经病，看不见的是精神病。

明白了神经病和精神病之间的区别，遇到别人骂你是个"神经病"的时候，你就可以义正词严地纠正他："你想说的应该是'精神病'。"

医学无法解释的躯体症状

综合大志的病史和临床表现，我可以断定大志得的是一种叫作躯体忧虑障碍的精神疾病，它还有一个通俗的名字：医学无法解释的躯体症状。这类疾病通常具有以下特征：

症状不能被目前已知的生理病理机制所解释

躯体忧虑障碍的临床症状通常变幻莫测，且缺乏特异性，主要是一些自主神经兴奋症状，如出汗、震颤和心慌等，症状可持续数月甚至数年。患者为了搞清病因，常常不惜付出巨大代价，反复就诊于各大医院，频繁进行医学检查，但均不能明确病因，因而也浪费了大量医疗资源。一些经验性的对症治疗的效果也微乎其微，患者敏感的性格又放大了药物的不良反应和躯体不适感，使患者更加无所适从。可以说，这部分患者本来没有病，想得多了才有了病。

患者对疾病存在认知偏差

随着非精神科医生对精神疾病识别率的提高，其他临床专业的医生对一些典型病例也能给出专业的医学建议。但大部分患者对精神疾病存在偏见，难以接受自己被贴上"精神病人"的标签，所以拒绝到精神科就诊，从而耽误疾病的诊治。

患者容易抱怨和倾诉

躯体忧虑障碍患者非常渴望得到别人的理解和同情，所以一有机会就会向周围的人进行无休止的抱怨。他们喜欢怨天尤人，把自己所有的痛苦归结于命运的不公，总是以天下第一委屈者自居，也不管对方是否愿意倾听。而且，那些不理解患者苦衷或不支持患者观点的人，都会在患者心中留下"坏人"的印象。

其实，正常人也会有委屈，但是他们的委屈是有具体事由的，严重程度是与客观因素相符的。而躯体忧虑障碍患者的委屈往往是模糊不清的，找不到具体事由，患者在诉说病因时多使用"不清楚""不知道""好像是，也好像不是"等不确定话语。

发病主要与患者性格和应激事件有关

大部分患者是在遭遇了不良生活事件后发病的，比如，事业不顺、人际关系紧张等，但患者通常会否认自身疾病是由这些因素引起的。除此之外，患者往往具有敏感的性格特点，过分在意自身经历的那些挫折和困难，容易将小事无限放大。

从心理学角度分析，患者处于一种可以自我察觉的心理冲突状态，一方面能感觉到自己出现了问题，另一方面又不能控制自己认为应该控制的内心活动。而情绪作为一种能量，可疏不可堵，当这种矛盾冲突的情绪积攒到一定程度时，就要通过某种形式表现出来。躯体忧虑障碍就是这些表现形式中的一种，也被称为"身体的语言"，其本质是通过各种身体不适来表达由不良生活事件所引发的焦虑和抑郁情绪。

有学者曾提出"情绪失读"的概念来解释这一现象：患者失去了用语言正确"解读"和表达自己情绪的能力，因此当他们的情绪发生剧烈波动时，就只能通过各种躯体不适对情绪进行错误地"解读"。

举一个身边常见的现象来简单说明一下。大家都有过在公交站等公交车的经历吧？当公交车迟迟不到的时候，总有一部分等候者着急得来回踱步或东张西望。虽然他们嘴上没说着急，但这些动作就是身体的语言，就是在表达焦虑情绪。

心理学上有一种"心碎综合征"现象，说的是人在极度悲伤的情况下会引发胸部强烈的疼痛。现代科学研究表明，人在极度悲伤的时候，大脑会通过负反馈机制增加儿茶酚胺类神经递质的释放以对抗这种悲伤情绪，但过多的儿茶酚胺会增强心脏的收缩力度，就有可能引起胸痛、心悸。可见，"身体的语言"并非玄学，也是具备一定病理基础的。

正常人也会有不能调和的内心冲突，但正常人一般可以在趋利避害的原则下做出最优选择。而躯体忧虑障碍患者的内心冲突过于激烈，他们既无法做出理性选择，又对结果期望过高。通俗地讲，患者总是喜欢自己难为自己，只是他们不愿承认罢了。

单纯"想开点"没有用

在躯体忧虑障碍的治疗中，抗抑郁药和抗焦虑药发挥了重要的作用，可以短期内缓解患者的躯体不适感，而心理治疗对本病的预后起到决定性作用。在实际操作中，心理治疗师要避免使用类似"遇到事情想开点""不要太小心眼"等话语对患者进行说教。严格意义上讲，这些话术根本不能算是心理治疗，只能算是朋友之间的安慰和劝说，而这些朋友在遇到类似的挫折时也未必能够"想得开"，这种"己所不欲"的方式不是一位合格的心理治疗师应该采取的策略。

作为大志的主治医师，我的首要任务就是理解大志目前的处境，鼓励他说出自己对身体健康状况的担忧，而不是与之争辩。然后再跟他一起讨论对自身健康的担心与躯体不适感的关联，最终帮助他对自身疾病有一个清晰的认识，纠正他以往对疾病的误解和错误的思维模式。

在与大志的前期沟通中，我得知，外表看上去刚毅坚韧的大志，其实内心异常柔软，有许多不可触碰的禁区。原来，大志的父亲在他很小的时候就因意外去世了，是母亲一个人含辛茹苦地把他抚养长大。在这个过程中，大志经常受到来自周围小朋友的嘲笑，经常被人称为"没有父亲的野孩子"。而柔弱的母亲无法给大志提供足够的安全感，只能悄悄地告诫大志：这个世界不安全，不要相信任何人。可以说，大志的童年是一个没有朋友陪伴的童年，是一个缺少父爱和压抑的童年。

这种不良情绪如果不能及时得到合理疏导，就很容易积压在个体的潜意识中。后期一旦再次遇到情绪压力，这些积压已久的不良情绪就会一股脑儿地"溢出"。而大志这样的"情绪失读"患者，恰恰就习惯于用身体的语言来对这些不良情绪进行错误"解读"：我身体不舒服，我病了。患者潜意识里对这些躯体不适感的态度决定了他会发展为哪种精神疾病：采取漠然处之的态度会发展为分离障碍（将在后面的章节详细讨论）；采取过分关注的态度就会发展为躯体忧虑障碍。很显然，大志"被选择"了后者。

在了解了大志的痛苦体验并分析出大志得病的原因后，下一步除了表达适当的关心，就是要打破"情绪—躯体不适感"之间的关联。

被压抑的不良情绪总是要找到出口的，"替代"就是这些出口中常见的一个。躯体忧虑障碍患者似乎有一种把责任推给生理疾病的倾向，他们更愿意让"得病"成为自己生活不如意的"替罪羔羊"，可能是"得病"这种形式更容易被个体所掌控，并能够引起别人的同情吧。而患者显然是不能自发识别出这里面的玄机，需要我建立一个"客户—口香糖"的模型来解释。

试着把自己想象成一位销售人员。你工作时被一个客户无理刁难，而且这个客户对你来说还十分重要。这时候，你显然不能对客户发脾气，只有把这种不良情绪压抑下来。好不容易等到下班的那一刻，你想马上冲出办公楼去呼吸一下新鲜空气，但又遇到电梯检修。这时你所有的不快瞬间"溢出"，心烦意乱的你随手摸到了口袋里的口香糖，你越看它越来气，越看这软软弱弱的口香糖越觉得它像被客户精准拿捏的自己，于是，本来不爱吃口香糖的你逐渐喜欢上了疯狂咀嚼口香糖。

其实，如果你能在冷静下来的时候想一想，思路就变得清晰了："电梯"和"口香糖"都是无辜的，它们只不过是不良情绪的临时"替代品"。如果不能正视如何改善你与客户之间的关系这一根本问题，那么"客户—口香糖"模型中"客户"与"口香糖"之间的这条本就不清晰的线将变得越来越模糊，而你的发泄对象也可能发生变化，从口香糖变成其他容易被掌控的东西。

把"客户—口香糖"模型套用在大志身上，"销售人员"与"客户"的不良关系是根本原因，就像大志在童年时期压抑下来的不良情绪，"电梯"是大志后来生活中各种不顺导致的不良情绪的"替代"，而"口香糖"是"躯体不适感"的"替代"。如果大志只是纠结于"躯体不适感"，就必将陷入"疯狂咀嚼口香糖"的无效重复，而这种消极的、让人抓狂的无效重复，恰恰是躯体忧虑障碍患者的一个典型特征。

所以，解决大志的问题需要分三步，第一步是让大志感知到童年时的创伤，第二步是修复这种创伤，第三步是打破"情绪—躯体不适感"之间的关联。

第一步

解决问题最重要的一步就是学会面对问题。受原生家庭等客观因素的影响，个体在童年时受到一些"暴力"和"打压"，而那时个体的能力很弱，无力去应对这些复杂的创伤，所以就启动了心理防御机制，将这些创伤压抑在潜意识中，暂时回避这些问题，以避免痛苦。但这也在无形中导致了"创伤冰山"的形成：被个体感知到的创伤仅仅是浮出海平面的极小部分，绝大部分创伤隐藏在海平面之下，虽无法被个体感知，却是导致个体后天各种心理问题的根源，因为它会时不时地通过各种途径"跳"出来"骚扰"你一下。因此，个体在成年后的心理问题几乎都能从童年经受的创伤中找到影子。

对于大志，我要做的就是帮助大志把他童年时被压抑的这些创伤挖掘出来，并且让大志感知到。尽管这种方式有点像"揭伤疤"，比较残忍，也容易给大志带来痛苦，却是必不可少的。

第二步

童年受过心理创伤的患者在成年后大多有全盘否定自己的倾向，他们片面地认为自己的生命毫无意义。所以，在创伤修复过程中，引导他们保持积极的生活态度是非常重要的。

心理学中有一种叫作"退行"的心理防御机制，说的是当个体不能适应挫折时，其行为和心智表现出人格不成熟阶段的一些特点。比如，一个成人因随地吐痰被管理人员指责，羞愧难当，竟然一下子扑入母亲怀中，嘤嘤哭泣。

尽管大志早已成年，但在面对童年创伤时，他仍会惊慌失措，这其中的原因可能是既往的创伤程度过于严重，也可能是大志因无法面对这些创伤而出现了心理退行现象，当他面对童年创伤时，他的心理状态和应对能力在某个人格不成熟的节点停留了，所以他无法处理这些创伤。

所以，我让大志经常使用自我暗示的方法提高自信：我已不再是那个不谙世事的孩童了，我现在是一个顶天立地的男子汉，无论遇到什么样的困难，我都能克服。

第三步

要打破大志"情绪—躯体不适感"之间的关联，就是要改变大志把生病当成抵御情绪的"挡箭牌"的歪曲认知。在具体实施过程中，我先对大志的身体健康情况给予客观的医学评估，并对他提出的疑问进行必要的解释，让他明白自己的躯体不适感仅仅是内心焦虑的一种外在表现。然后再和大志一起设计行为实验来检验他已经存在的错误信念，从而减少他的病态行为。

我还给大志留了家庭作业，让他学会一些放松技巧，如深呼吸等。这样，当他再次出现情绪波动的时候，就能借助深呼吸及时缓解不良情绪，这就在无形中阻断了情绪向躯体不适感转化的路线。

大志体会到多大程度的躯体不适感，主要取决于大志对自身不适感的关注程度。所以，大志要做的就是尽可能忽略那些不适感，全身心地投入到工作和生活中去。一旦不适感有缓解，哪怕只是轻微的好转，也要及时鼓励自己，并给自己一些奖励。

经过大约三个月的共同努力，大志的躯体不适感明显减弱了。他也承认偷偷减少了药物的剂量。尽管他这种自行减药的行为是我不认同的，但是我真的替大志感到高兴。此时的大志，基本褪去了往日的萎靡颓废，言谈举止间流露出自信和活力。

07

"奥旦"与"巴通"之战

精神分裂症

"医生，你快带着我父母走吧，越快越好，有人要杀我们，地球马上就要被他们毁灭了……"要说我也算是一位经验丰富的医生了，但在以往接触的患者中，还真的鲜有让我感到如此不知所措的。而令我不知所措的不是他这些荒诞的话语，而是男子的脸上布满了"∞"这个符号，很明显是用记号笔故意画上去的。

"嗯……嗯……"我有点紧张，不知道怎么接话了。

"医生，你听，你仔细听，他们在研究下一步的进攻方案呢。"男子说话的语气十分坚定。

"哦，你都听到什么了？"我在感觉到男子对我没有恶意后，心情逐渐平静下来，尝试与他沟通。

男子："医生，你听不见吗？我父母也听不见，真奇怪。你们可能还不知道，他们不会通知你们的。他们要杀我，但我要留下来，他们不会放过我的，我父母都是好人，你带他们走就行，千万不要管我，我自己留下对抗他们，让他们不要毁灭地球。"

我："你说的'他们'是谁啊？"

男子："他们是'奥旦'和'巴通'两个星球上的人，这两个星球上的高级文明正在进行着一场围绕我们地球的战争，他们都想把地球变成自己的殖民地。现在'奥旦'暂时占据优势，不管谁获得最后的胜利，地球都将毁于一旦。"

我："为什么我们都不知道，只有你知道呢？"

男子："所以说你们才有病，这么强烈的感应波，你们居然都感觉不到？"

我："感应波是什么东西呢？是一种电磁波吗？"

男子："嗯，差不多，是外星文明的一种高科技，它可以穿越银河系来控制我们，我已经被这种感应波控制很长时间了。"

我："那你脸上这些符号是什么意思？"

男子："嘘……没事，没事，我就在这，哪里也不去。"男子示意我不要说话，自己却闭着眼睛，自言自语。

我："你刚才在跟谁说话？"

男子："跟'巴通'星人，他们刚才问我要去哪。"

我："你脸上为什么有那么多符号啊？"

男子："这就是我留下的意义，我要让'奥旦'星人和'巴通'星人知道我们地球人是讲平等的，是爱好和平的。你看这个符号（∞）由左右两个椭圆组成，代表着什么呢？"

我："我真不知道。你能直接告诉我吗？"

男子："这你都不懂啊？这代表着宇宙中的任意两个星球平起平坐，星球之间要和平，任意两种文明之间没有高低贵贱之分，这就是我们地球人的态度。"

"哎呀，总算找到你了，你怎么自己跑到这里来了。"两位老人气喘吁吁地小跑到诊室门口，显然是男子的父母。

"孩子，你先出来坐一下，喝点水休息休息。"说着，男子的父亲把他拉出了诊室，拉着他坐在了门外不远处的长椅上，诊室里只剩下我和男子的母亲。

在与男子母亲的交谈中，我明显可以感觉到她深深的自责。原来，男子叫小辉，今年26岁，两年前大学毕业后就职于一家互联网公司。

"其实孩子在刚工作后不久就有点不正常，本来性格挺开朗的一个小伙子变得越来越孤僻，开始不愿意与人交流，经常一个人在房间里指手画脚、自言自语，有时候还自己对着镜子笑。开始我们也没想到是精神病，只是以为他刚接触社会，压力太大，想着过一阵子就好了，就没去医院看病。这不发展到今天这个地步，班也上不了了，天天就在家念叨这些外星人……"男子母亲的眼眶里噙满了泪水，嘴唇也在微微颤抖。

"这个……其实……"面对这位白发苍苍的母亲，我竟一时讲不出话来，不知该如何安慰她。于是，为了逃避她的目光，我故意将头转向了诊室外面，看到了坐在椅子上的小辉，只见他紧闭双目、摇头晃脑，嘴里念念有词。

尽管从现代精神病学的角度出发，对小辉做出"精神分裂症"的正确诊断早已不是一件困难的事情了，但人类对这种精神疾病的认识经历了一个不断完善且十分复杂的过程。

精神分裂症的英文名是 schizophrenia，这个单词的前半部分"schizo"和后半部分"phrenia"都源自希腊语词根

"schizein"和"phren"，分别有"裂开"和"心灵"的意思。所以 schizophrenia 就被翻译成了"精神分裂症"，这个病名自 1911 年由瑞士精神病学家布洛伊勒首次提出后，被广大学者所认可，一直沿用至今。

而在这之前，精神分裂症有许多不同的名字，比如，1857 年莫雷尔提出的早发性痴呆、1870 年埃克提出的青春型痴呆和 1874 年卡尔鲍姆提出的紧张症。可以说，每一个名字都代表了不同精神分裂症患者的临床特点。尽管德国精神病学家克雷珀林在 1896 年发现了该病不同临床表现背后的共同特征，将其统一命名为早发性痴呆，但这个名字仍不如精神分裂症更能体现出这种精神疾病的本质。

精神分裂症是一种病因未明，具有思维、情感、行为等多方面障碍，并且以精神活动与周围环境之间不协调为主要特征的精神疾病。我们通常说的"精神病"大多是指精神分裂症，我们日常生活中所能接触到的精神失常者也大多是精神分裂症患者，但我们不能将精神分裂症患者简单理解为"傻子"或"疯子"。

有学者认为精神分裂症是所有精神疾病中最难描述的一种，许多症状和观点都不容易理解。故本文从便于读者理解的角度出发，摒弃一些晦涩难懂的概念，以小辉为模型阐述精神分裂症的临床特点。

阳性症状与阴性症状

精神分裂症的发病高峰期在青壮年，通常为慢性起病。小辉的精神状态从正常到异常不是突然发生的，而是经历了一个相对漫长的过程。刚开始的时候，小辉仅仅在性格方面发生了一些轻微的改变，所以并没有引起家人的注意。随着疾病的发展，小辉的异常行为逐渐增多，标志着他的精神疾病进入急性发作期。

我们现在引入阳性症状和阴性症状的概念，来帮助大家更好地理解精神分裂症患者的临床表现。

一般来说，那些与精神功能亢进有关的症状被定义为阳性症状。反之，那些与精神功能缺失有关的症状被定义为阴性症状。所以，精神分裂症患者一般就分为两类，一类以阳性症状为主，主要表现为又打又闹、无法配合治疗；另一类以阴性症状为主，主要表现为不说不笑、谁也不搭理。在临床上，阳性症状和阴性症状往往在精神分裂症患者身上同时存在，只不过在疾病发展的不同阶段，两种症状所占比例有所不同。一般来讲，精神分裂症患者早期以阳性症状为主，后期则慢慢以阴性症状为主。

阳性症状

幻觉

小辉能够凭空听到外星人跟自己说话，这就是典型的"幻听"。幻听是精神分裂症患者幻觉中最常见的类型。许多患者有自言自语的情况，大多是因为他们在与那个本不存在的"声音"对话。

患者的各种幻觉在客观现实中都是不存在的，是别人无法理解的，但患者的主观体验是真实的。这种无法将客观世界与主观世界区分开的现象，就是精神分裂症患者第一个方面的分裂。

妄想

所谓妄想，就是一种病态的荒谬信念，但患者对此坚信不疑，基本无法改变。小辉坚信"外星人"要迫害自己及自己的家人的情况就是被害妄想；而他能够明确感觉到自己的行为被"感应波"所影响和控制的情况，就是物理影响妄想。

除此之外，小辉赋予了"∞"这个符号"两个星球平等"的特殊意义，如果没有小辉的解释，他人是完全不能理解的。这种赋予一些图形或符号某种新的特殊意义的症状，称为"语词新作"。

从患者存在的这些荒谬离奇的思维内容和思维形式出发，我们就不难理解他们行为的怪诞不经了。这种思维内容与现实世界的不统一就是精神分裂症患者第二个方面的分裂。

阴性症状

情感淡漠

患者不仅表现为表情呆板，而且对涉及自身利益的事情漠不关心。据小辉的母亲回忆，小辉在得病后经常出现独自闭目静坐、对周围所发生之事不管不问的情况。这种内心情感体验与外部周围环境的不协调，是精神分裂症患者第三个方面的分裂。

意志行为减退

小辉发病后社会功能严重受损，无法完成正常的工作和社交，这种正常意志活动的减少，也被称为意志行为减退。

临床中，无法完成学业和工作的精神分裂症患者比比皆是，更有甚者，可以连续几年不换衣服、不洗脸，个人生活状态极其糟糕。严重的意志行为减退也可以称为精神衰退。一般来讲，如果精神分裂症患者没有得到及时有效的医疗干预，最终绝大部分患者都会走向精神衰退。

如何理解精神衰退的概念呢？留意一下我们身边的流浪乞讨者，他们当中的许多人衣着破烂、行为怪异，冬天穿着单薄的衣服，在垃圾箱里捡拾脏东西吃，随地大小便。尽管如此，他们依然表现出一副无所谓的样子，有的甚至见谁都是笑呵呵的，似乎从来感受不到痛苦。这部分人当中，许多是从精神分裂症逐渐发展而来的，他们的精神已经衰退到近乎原始的动物本能阶段，基本没有高级意向要求，也丧失了羞耻感。

如果小辉得不到及时的治疗，随着时间的推移，他也有可能会慢慢变成这座城市里的流浪乞讨者。这种生理上的成熟和意志行为上的幼稚是精神分裂症患者第四个方面的分裂。

自知力缺乏

自知力又称领悟力，是指患者对自己精神状态的认识和判断能力。像小辉这种典型的精神分裂症患者是不会承认自己有精神疾病的，更不会主动就医治疗，他们会将医生及带他们就医的家属视为仇敌。因此，对于急性期的精神分裂症患者，我们不能期待患者对疾病本身有一个清醒的认识，也不能责怪患者的荒谬行为，反而要学会理解患者，因为他们不恰当的言行完全是疾病导致的，并非他们的本意。

临床上通常将精神分裂症患者有无自知力作为判断疾病严重程度和恢复情况的重要指标。在意识和智力正常的情况下，这种无法对自身精神状态做出客观评估的现象是精神分裂症患者第五个方面的分裂。

那么，大家可以猜一猜：阳性症状容易治疗还是阴性症状容易治疗？

答案是阳性症状。这个道理还是比较好理解的。如果把正常的精神活动比作一根长度确定的木头，那么阳性症状就是多出来的那一截，我们将它砍掉是相对比较容易的。而阴性症状就是缺失的那一截，我们要把它接上就相对费力许多，要考虑接上去的那部分木头的长短粗细是否合适等诸多问题。

拿小辉来说，他的幻觉和妄想症状是比较容易控制的，但意志行为减退和情感淡漠这些阴性症状就不大容易治疗了，很有可能会长期残留。

由于早期症状不明显，可能仅表现为失眠、烦躁、孤僻等一些轻微异常情况，精神分裂症患者起病时不容易被发现，外人很难察觉。一旦到了别人能明显感觉到异常的地步，疾病就已经发展到了较严重的阶段。所以，早发现是有效干预的重要前提。大家在平时工作生活中，如果发现自己或周围人有以下行为，那就要注意判断是否为精神分裂症的早期症状。

① 疑心重，总是怀疑背后有人跟踪或监视自己。

② 性格发生变化。

③ 经常自言自语自笑，经常做一些奇怪的事情。

④ 无缘无故的紧张害怕。

⑤ 对周围的人和事开始变得冷漠。

⑥ 过于敏感，怀疑周围人都在针对自己。

惊心动魄的治疗史

精神分裂症属于重性精神疾病，即便能够得到及时的治疗，症状大多也会迁延不愈。而且，精神分裂症致残率较高，患者的平均寿命会比普通人缩短 8 ~ 16 年。对于首次发病的患者，经规范化的治疗后，大约三分之一的患者可以停药且不再复发；三分之一的患者需要长期甚至终生通过服药来控制精神症状；剩下三分之一的患者即便终生服药也不能使精神症状得到控制，最终走向精神衰退。

在人类对抗疾病的发展历史中，想必没有哪一种疾病能比精神分裂症更惊心动魄了。千百年来，中西方对精神分裂症的治疗手段层出不穷，有的甚至可以用惊悚和奇葩来形容。一般以 18 世纪为界，将精神分裂症的治疗分为两个阶段。

18 世纪以前，人们对精神分裂症缺乏有效的治疗措施，普遍打着"驱赶心中恶魔"的旗号对患者采取暴力手段。

比如，在中世纪的西方，医学大多沦为宗教和神学的附庸，人们认为精神疾病是恶魔入侵导致的，与麻风病损害人类肉身不同，精神疾病玷污的是人类的灵魂。在这种大环境下，精神分裂症患者的遭遇普遍比较凄惨，人们一般采用在患者颅骨上钻孔、鞭打放血或熨烫患者身体等残忍的手段"驱赶"患者体内的"魔鬼"。被这些酷刑折磨致死的大有人在。

在那个精神医学发展几近停滞的时代，精神分裂症患者能得到的最人道的治疗方式可能就是被隔离在孤岛上或被禁闭在地下室中自生自灭了。

当时间来到 18 世纪，伴随着西方工业革命的兴起，科学技术取得了长足的发展，医学也开始逐渐摆脱宗教和神学的枷锁。学者们开始正视精神分裂症，不再将其与"魔鬼上身"和"邪灵附体"相提并论。

法国大革命期间，发生了一件精神分裂症治疗史上具有里程碑意义的事件。皮内尔将原本需要被终身囚禁的精神病患者彻底解放了出来，提出用人道主义的态度对待这些患者，使他们重获尊严。同时，他把原来的"疯人院"改造成了专业的医院，精神科医生开始对患者进行长期系统的观察和研究。这在很大程度上促进了精神医学的发展，皮内尔也因此成了公认的现代精神病学的奠基人。

但是，直到20世纪，人们才开始使用药物治疗精神分裂症。有意思的是，最早一批被发现对精神分裂症有"神奇效果"的药物里居然有胰岛素。对，就是那个被用来治疗糖尿病的胰岛素。

一位名叫扎克尔的医生发现了一个关于胰岛素过量使用后的有趣现象：那些因接受过量胰岛素而陷入低血糖昏迷的精神错乱患者，在恢复意识后会变得安静许多，而且患者的精神状态也较前明显好转。

细心的扎克尔医生发现并记录下了整个过程，经过进一步研究，虽然他未能明确阐述其中的机制，但这并没有影响他将这种新办法应用于临床。幸运的是，大部分接受胰岛素治疗的精神病患者的症状得到了明显的改善，于是"胰岛素休克疗法"正式登上了历史舞台，并风靡一时。简单说来，这一疗法的过程就是使用适当剂量的胰岛素让患者先发生低血糖昏迷，然后再使用葡萄糖让患者恢复意识，以达到治疗目的。这个类似于"电脑重启"的过程看上去简单可行，其实风险极大，部分患者可能会因为葡萄糖摄入不及时而永远昏迷下去。

直到氯丙嗪在法国上市，才算是真正开创了精神分裂症药物治疗的新时代。许多人将氯丙嗪比喻为精神科的"青霉素"，这里面包含着两层意思。第一层意思是说，氯丙嗪治疗精神分裂症的疗效就如同青霉素治疗细菌感染一样显著，它的问世彻底终结了"疯人院"里那些令人绝望的治疗方式。现如今，尽管氯丙嗪已经退居二线，它的"霸主"地位也早已被众多新药取而代之，但针对一些难治型精神分裂症患者，氯丙嗪仍发挥着不可或缺的作用。

第二层意思是说，氯丙嗪的合成过程与青霉素的发明过程颇为相似，都带有一些"无心插柳柳成荫"的传奇色彩。法国的一家知名医药公司为了追求在外科手术中更好的麻醉效果，合成了一种比异丙嗪抗组胺效果更强的药物——氯丙嗪。

谁也不曾想到，就是这个氯丙嗪，居然让喧闹的"疯人院"瞬间安静了下来。进一步临床研究发现，氯丙嗪可明显减轻精神分裂症患者的幻觉和冲动暴力行为。自此氯丙嗪开始在临床中得到广泛应用，并起到良好的效果。但遗憾的是，尽管研究者坚信氯丙嗪一定对中枢神经系统有深层次的影响，不只是镇静那么简单，但他们在随后的很长时间里都无法破解氯丙嗪的作用机制，仅知道可能与多种神经递质有关。

多年后，科学家才发现氯丙嗪治疗精神分裂症的机制与阻断患者脑内边缘系统的多巴胺受体有关。因此，氯丙嗪这类抗精神病药也被称为神经阻滞剂。科学家也正是通过氯丙嗪这类药物的作用机制反推出了精神分裂症的多巴胺致病假说。

除了药物治疗，还有一些形形色色的物理疗法也可以治疗精神分裂症，其中效果最好的无疑是电抽搐治疗（electroconvulsive therapy, ECT）。ECT 是由意大利精神病学家率先发明的，其过程是使用一定量的电流通过患者头部来诱发癫痫样放电，让患者产生暂时性的意识丧失和脑内神经递质的改变。但患者在这个过程中会全身抽搐，严重者甚至会出现骨折的情况，容易给患者造成二次伤害。目前，这一技术已被成功改良，医生在治疗前使用静脉麻醉药和肌肉松弛药，让患者迅速入睡，整个过程安全无痛苦，这个过程就是改良电抽搐治疗（modified electroconvulsive therapy, MECT）。

MECT 虽然听上去还是有点让患者难以接受，但它作为一种医学治疗手段在技术层面上已经非常成熟了，疗效也是十分显著的，许多医院把它作为常规治疗方案在临床中进行使用。MECT 的适用范围也逐渐扩大，除了精神分裂症，MECT 也被用于重度抑郁症及双相障碍等精神疾病的治疗。

另一种"有效"的治疗手段是被称为"脑白质切除术"的精

神外科手术，这种手术在许多反映精神病院生活的影视作品中出现过。脑白质切除术是在神经生物学理论和动物实验基础之上建立起来的，这种手术虽然存在比较严重的副作用，但是与欧洲中世纪那种"颅脑开孔术"相比，还是进步了许多。

研究人员在很久以前就发现脑白质具有影响个体情绪和行为的作用，例如，切除黑猩猩大脑双侧前额叶可明显降低它们的攻击性，让它们变得温顺许多。葡萄牙神经学家莫尼斯从这一现象中得到启示，于20世纪30年代首创了通过切除额叶白质来治疗精神疾病的外科手术。他接连对多位精神病患者进行了这种手术，患者术后的精神症状确实缓解了许多。一时间，脑白质切除术和它的发明者莫尼斯医生名声大噪，当时的杂志曾这样高度评价这一手术：脑白质切除术赋予了精神病患者全新的人生。

随后，作为莫尼斯医生的"铁粉"，美国医生弗里曼改良了这一手术，使其变得可操作性更强。弗里曼给这种改良后的手术起了一个冷酷的名字——冰锥疗法。它的具体过程是，将患者局部麻醉后，医生直接用锤子将一根筷子状的钢针从患者眼球上方敲入脑内，然后通过搅动钢针破坏前额叶脑组织。这一方法较老版本的"脑白质切除术"更加方便快捷，也可以达到预期目的，而且还不需要操作医生具有颅骨开孔和定位的专业技术，仅需要简单的器材就可以在门诊上进行。

这一新技术让精神科医生看到了曙光，他们乐观地认为找到了终结精神疾病的"灵丹妙药"，于是盲目地将这一手术推广到临床。莫尼斯还因发明脑白质切除术获得了 1949 年的诺贝尔生理学或医学奖。

然而没过多久，这一手术的后遗症就突显出来了。患者术后虽没有生命危险，但大多出现麻木、反应迟钝，以及大小便失禁等情况。患者的精神症状已经不再是主要问题，取而代之的是他们情感体验和独立人格的丧失，以及社会功能的退化。就像这个手术的名字一样，术后的患者成了一根冰冷的"冰锥"，毫无生机。

随着神经科学的进步和抗精神病药物的相继出现，科学家们已经认识到手术治疗并不是治疗精神疾病的最优选择，于是各国逐渐通过立法禁止这一手术的开展，昔日风光无限的"脑白质切除术"就这样被推下了神坛，钉在了历史的耻辱柱上。

到目前为止，精神分裂症的治疗仍是世界性难题，公认有效的治疗手段之一仍然是抗精神病药物治疗，现在的药物种类较氯丙嗪那个年代已增加了许多，药物副作用也大幅度地减少。医药公司还针对不同患者的需求研发出了一些特殊药物剂型，例如，针对那些不承认自己有精神疾病的患者，科学家们研发出来一种无色无味的口服液，可以对患者进行暗服；针对那些经常漏服药物的患者，研发人员推出一款长效针剂，肌肉注射一次就可以让病情稳定一个月甚至更长时间。

幸运的是，当今社会已经不再有残害精神分裂症患者的现象了。科学家们在积极增进对这种疾病认识的同时，也提出要对精神分裂症重新命名的建议，以此来消除患者的病耻感和减少精神疾病的污名化现象。尽管如此，仍然有许多人对精神分裂症这种精神疾病存在恐惧感，不管精神分裂症改为什么名字，还是有人把这部分患者看作"异类"。所以说，通过给精神疾病摘标签的简单方式并不能从根本上改变大众对精神分裂症患者的畏惧心理。

大众对精神分裂症的恐惧主要源自他们对这种精神疾病存在认知误区，下面我们就用一个简单的表格来解释一下：

误解	正解
想开点就好了	一种严重的精神疾病
疯子	在精神症状支配下做出异常行为
患者会打人、杀人	一部分患者会，一部分患者不会
智力低下	大部分智力正常，有一些还是高智商
无法治愈	一部分是可以治愈的
因遭受精神刺激发病	病因不明，遗传因素和外界环境共同作用
需要吃一辈子药	部分患者经规范化治疗后，是可以停药的
药里面有激素，吃了会让人变胖	抗精神病药物不含激素

精神分裂症是一种比较严重的精神疾病，预防患病和复发是很重要的。

精神分裂症的病因主要包括内在遗传因素和外在环境因素。因为我们无法选择自己的遗传基因，所以我们只能把精力放在后天的自我调节上。努力做到以下几点，就算真的不幸携带了易患此病的基因，也能延迟发病时间和减轻症状：

① 培养乐观豁达的性格，知足常乐，始终以一种积极的心态面对生活。

② 创造和谐的生活环境。为人子女，不要对父母提过分的要求；为人父母，不要对子女有过高的期待。

③ 正确评估自己的能力，做自己力所能及的事情，避免承受过大的精神压力。

④ 保持良好的人际关系，不要在琐碎小事上牵扯过多精力，学会在一定范围内理解和包容他人。

理论上来说，精神分裂症患者每复发一次，后期的治疗难度就增加一些。预防患者病情复发，需要患者和家属的共同努力。

给患者的建议

① 坚持服药。精神分裂症是一种极易复发的精神疾病，需要长期使用药物来控制临床症状，患者不能因为暂时的症状消失就停药或者减药，一定要坚持遵医嘱服药。

② 不饮酒、不吸烟。研究发现酒精和尼古丁等物质会影响抗

精神病药物在人体内的生物利用度，使药效打折扣。除此之外，酒精和尼古丁等精神活性物质还会引起神经兴奋，易导致患者的精神状态波动。

③ 多与家人和朋友交流，有问题及时沟通，找到适合自己的情绪发泄途径。

④ 养成定期找医生复诊的好习惯，有问题随时就诊，便于医生及时发现病情变化和调整药物。

给家属的建议

① 提醒并监督患者按时服药。许多精神分裂症患者在经过规范化的药物治疗后，症状会得到较好的控制。这时，患者就会认为自己的病已经好了，不明白为什么还要继续服药，进而对药物产生排斥心理。作为家属，此时就应该反复告知患者服药的重要性，耐心劝说患者服药。

② 鼓励并接纳患者。精神分裂症患者在症状好转后，会对疾病发作时自己的所作所为产生愧疚感，这是患者自知力恢复的一种体现。这种情况的出现有好的一面，同时也有坏的一面。它的好处在于患者可以相对理性地面对这种精神疾病，而坏处在于患者容易因此产生抑郁情绪。因此，家属的理解就显得尤为重要了，家属要将患者当成一个大病初愈的人来照顾，切不可指责患者，更不要给患者打上"永远都是精神病"的标签。

③ 多观察患者的言行，多与患者交流，一旦发现异常，及时

送患者到医院就诊。

通常情况下，如果没有任何干预，精神分裂症患者的阳性症状会逐渐趋于平稳，而阴性症状则会愈发突出，最终导致患者出现精神残疾。而在系统有效的医疗干预下，多数患者的症状是可以得到较为有效的控制的，有些甚至能够得到彻底缓解。综合各方面信息来看，像小辉这种首次发作并且以阳性症状为主的患者，如果能够接受医生的建议并按时服药，预后还是相对乐观的。

08

如有雷同，纯属巧合

妄想性障碍

谁都没有想到，在电力部门勤勤恳恳工作了近30年的老穆，居然在科长的竞聘中失败了。更让人想不到的是，老穆在竞聘失败后没多久居然"魔怔"了，他从原来的老成持重变得疑心重重，他把自己竞聘失败的原因归结为单位领导的"有意为之"，并坚定地认为有人在背后给自己"使坏"。为了给自己讨回"公道"，老穆多次到纪检部门去反映情况，均被告知程序没有问题，新上任的刘科长不仅业务能力强，而且深孚众望，更适合科长这个岗位。

　　但这样的解释非但没有解除老穆的疑虑，反而让他更加坚信了"背后有人要整自己"的想法，他甚至认为纪检部门的领导和刘科长是同谋，就连身边的这些同事也被刘科长收买了，随时监视自己的一举一动，阻止自己查出事情的真相。

　　于是，在随后的日子里，老穆一边在单位正常工作，一边收集刘科长"迫害"自己的证据，并随时记录在自己的小本子上。一时间，全单位的领导和同事都知道老穆变成了一个"怪人"，纷纷避而远之。老穆眼看着"线索"要中断，干脆跟家人撒谎要出差学习3个月，然后偷偷地租下了刘科长家旁边的住宅，跟刘科长做起了邻居，暗中监视刘科长。

　　功夫不负有心人，在对刘科长的长期监视过程中，老穆还真发现了一些"蹊跷"的地方。原来，刘科长每到周末都会跟单位的几个同事一起去固定的体育馆打篮球，并且在打球的间隙还经常聚在一起说些悄悄话，而这几个同事大多是在平时工作中与自己有过节的。"原来他们是一伙的，我竞聘不成就是他们搞的鬼。"老穆这下可算找到了证据，心里也松了一口气："终于可以将这些'坏人'绳之以法了。"

正当老穆准备再次向纪检部门反映情况时，却接到了家人的电话，电话里说昨天夜里家里因电线短路发生了火灾，不过好在发现及时，只是烧毁了一些家具，并没有引起人员伤亡。尽管相关部门已经查明这只是线路老化引起的一次意外，但老穆并不相信，他认为这是刘科长对自己的一次报复：由于自己发现了刘科长的阴谋诡计，所以刘科长利用在电力部门主管业务的权限故意把自家的电路搞老化，想通过在夜里引发火灾的方式把自己烧死，但刘科长并不知道自己住在他家旁边的出租房里，并不在自己家中，所以他的计策落空了。

"这不就是电影里的完美谋杀嘛！"老穆越想越怕，本来就绷着的神经变得更加紧张了，以至于每天走在马路上都感觉刘科长派人跟踪自己。

时间长了，老穆的家人发现他的精神出现了问题，劝说老穆去医院看一下，但老穆就是不承认自己有病，反而认为家人也被刘科长收买了。

············

其实，老穆的情况绝非个案，他代表了临床中一类较为特殊的精神病患者——妄想性障碍患者。

妄想性障碍（又称偏执性障碍），是一种长期（一般超过三个月）以系统化、生活化的妄想为突出临床特征的精神疾病，常在中年起病。由于这种疾病与精神分裂症存在许多相似之处，因此曾有学者将它当成精神分裂症的一部分。但德国医学家克雷珀林坚持认为妄想性障碍是一种可持续数年不变的独立原发疾病，这种疾病的妄想很大程度上局限于患者对客观真实事件的歪曲解释，并努力将其整合为一个连续的、可以理解的整体，虽难以治愈，但也不会恶化。这一观点经受住了时间的考验，大量研究显示，妄想性障碍最终演变为精神分裂症的比例不到四分之一。因此，妄想性障碍目前被作为一种单独的精神疾病进行归类。

总有刁民要害朕

妄想性障碍目前虽然病因不明，但专家们普遍认为本病大多是在人格缺陷的基础上发展而来的，而这种人格缺陷往往特指偏执型人格障碍。具有这类人格障碍的人往往敏感多疑，不信任别人，警惕性极高，对自己免受别人伤害或欺骗缺乏信心。

历史上，偏执型人格障碍的典型代表可能非曹操莫属。《三国演义》中死于曹操疑心下的冤魂有许多，有热情好客的吕伯奢，也有医术高超的华佗。他们仅仅是由于一些不经意的或下意识的言行，就被曹操进行了过度的恶意归因，成了"宁教我负天下人，休教天下人负我"这种偏执理念下的牺牲品。

那么，这种偏执型人格障碍是如何形成的呢？一般认为，凡是涉及人格的形成问题，除了遗传因素外，都要追溯到个体童年的家庭环境和成长经历。偏执型人格障碍者通常是在一个缺乏安全感的环境中成长起来的，这种起源于童年的自卑情结即使在成年后身居高位也无法摆脱。而为了获得安全感，患者不得不时刻保持心理防御姿态，便于随时对潜在的威胁采取先发制人的对抗行为。

这种心理防御在心理学上有一个专用名词——投射。投射就是凭借个人的想法来推断客观事实和别人的想法，是一种主观的心理认知偏差。通俗来说，投射就是将自己的内部情感或观念转移到外部，借此减轻自己内心不安的一种现象。

曹操是宦官之后，这种原始的家庭环境无疑成了他成年后自卑的罪魁祸首，即便曹操后来贵为汉相，也无法改变他性格中无端猜疑的核心表现。在曹操的内心深处，一定存在一个类似于"总有刁民要害朕"的潜在信念，所以他要不断地通过找到并消灭"敌人"来消除内心强烈的不安全感。如果找不到适合的"假想敌"，反而会让他紧张不安。所以，如果一定要给妄想性障碍患者的敌对性找一个解释，那就是为了获得安全感。

看到这里，如果你担心自己也具有与曹操一样的偏执型人格，那么可以进行下面的小测试。如果你从小就有过分猜疑的习惯，且满足以下所述情况的 4 项及以上，那么就有必要到医院就诊了。

① 毫无根据地怀疑自己会被别人伤害或欺骗。

② 别人很难获得自己的依赖和信任。

③ 很难原谅别人。

④ 毫无根据地怀疑配偶或朋友的忠诚。

⑤ 感觉自己的敌人很多。

⑥ 极易赋予别人无意的或善意的行为敌对性解释。

⑦ 极易感受到与环境不相符的被冒犯，并时刻处于防备状态。

这种妄想不一般

尽管妄想的内容都不可动摇，但妄想性障碍患者的妄想与精神分裂症患者的妄想的最大区别在于前者的妄想具有系统化和生活化的特点。

由于这种系统化和生活化的妄想是在一定的客观现实基础之上逐渐形成的，因此其内容并不荒诞，反而符合一定的逻辑推理。患者在自身偏执型人格的影响下，容易对客观现实产生歪曲的理解，赋予亲身经历的一些微不足道的事以特殊意义，并通过主观联想将这些琐碎小事与自身利益紧密结合起来，从而产生被害妄想。患者可以将妄想内容描述得十分具体详细，让不同事情之间存在一定的因果关系，外人不经认真调查，难以分辨真伪。

我们整理一下老穆的思路，就不难理解这种妄想的特点了。

自认为当科长是板上钉钉的事
↓
意外竞聘失败
↓
背后肯定有人故意使坏
↓ 因为刘科长成功上位，是竞聘的获益者
一定是刘科长害的自己
↓ 因为暗中发现刘科长与自己有过节的同事交往密切
他们是一伙的，一起来迫害自己
↓ 因为自己找到了刘科长害自己的证据
刘科长要杀人灭口
↓ 因为刘科长在电力部门负责技术
利用职权故意让自己家的电路老化，借此引发火灾

现实中，同事之间因为争夺权力或利益而伤害他人的故事也存在。所以，老穆自己这一段推理过程并不完全是无稽之谈，只不过是某些环节被自己歪曲了而已：刘科长在打球时与同事说的悄悄话其实是在讨论比赛战术，并不是老穆所想的密谋伤害自己；那些与自己有过节的同事也只不过是多年前与老穆在工作中有过不同意见而已，并没有深仇大恨；至于家中出现的火灾，也真的是一次意外，并不是完美谋杀。但是，这所有的一切都在老穆偏执型人格的加持下在错误的方向上不断发酵，最终让老穆感受到强烈的被害体验。

其实，坚持某种观念的人在现实中是十分常见的，特别是那些追求梦想者。但执着和偏执还是存在本质区别的。执着是一种锲而不舍、不达目的不罢休的精神，执着的人在完成任务的过程中能够审时度势，善于理性思考，随时调整自己的策略。而偏执属于一种病理性心态，持这种心态的人往往比较自负，不会变通，也不会听取别人的意见，更不会承认自己的错误，他们容易将任何与自己观念不同的人都视为敌人。

隐蔽的精神病患者

妄想性障碍患者社会功能良好，基本不会出现精神衰退。患者在不涉及妄想内容的其他精神活动和行为模式上并不会表现出明显异常，他们一般能够胜任原来的工作，也能维持日常的人际交往。就算患者在涉及妄想内容时出现一些冲动行为和激动情绪，也大多会被不了解内情的人信以为真，甚至会得到他们的同情。

案例中的老穆正是如此，他平日衣着整洁，言行得体，如果不涉及那些猜疑自己被害的妄想内容，任何人都很难看出他是一位精神病患者。就算任由其病情发展下去，他也大概率不会像精神分裂症患者那样出现精神衰退。

笑对人生

由于妄想性障碍患者大多具有敏感多疑的人格特点，所以任何心理治疗和药物治疗的效果都十分有限。心理治疗师很难与患者建立起信任关系，患者会对药物产生抗拒，并认为医生是在迫害自己。就算某位医生有幸得到了患者的信赖，患者也会认为自己的妄想内容是正确的，是不需要治疗的，患者只是将这位医生当成倾诉自己"冤情"的对象，不会听取他的医学建议。因此，对妄想性障碍患者的治疗是一个公认的难题，除了需要医务工作者足够的智慧和耐心，更多的还要依靠患者的自我救赎。

患者可以使用以下的敌意纠正训练法来逐步减少自己的妄想：

① 每个夜晚都带着对世人的宽容睡去，告诉自己："没有那么多人要害我。"

② 每个清晨都带着对这个世界的善意醒来，告诉自己："昨

日是非，今日该忘。"

③ 试着笑对身边的每一个人，在与他人发生矛盾时，及时控制住自己的情绪，避免掉入"敌对"的泥淖。

④ 不过分解读发生在自己身上的事情，相信这个世界上就是存在很多意外和巧合。

如果你的朋友或家人里恰巧有这么一位妄想性障碍患者，那么你千万不要试图和他争辩，也不要当着他的面与别人说悄悄话，以免加重他的疑虑。你最好能够帮助患者归纳出他错误认知的一般规律，然后同患者一起将这些错误认知带入实际生活中验证，以松动患者的妄想。如果做不到这些，那么尝试取得患者的信任，并鼓励患者以一种积极乐观的姿态融入社会也是极好的选择。

妄想性障碍通常呈隐渐性发展，患者在疾病早期极难被周围的人觉察出精神异常，病程多为持续性，且治疗难度极大。很多时候，医生和家人将症状的部分缓解寄希望于患者年龄增加引起的精力和体力的减退。

09

一半是冰水，一半是火焰

双相障碍

经过昨夜一场暴雨的洗礼，整个城市焕然一新，空气中弥漫着青草的芬芳。

如果我没有记错，今天预约来复诊的是一位叫作小卉的年轻的"老患者"。之所以说她年轻，是因为她只有23岁；说她是一位老患者，是因为今天是她第八次就诊了。

"我觉得我现在已经好了，我的情绪已经稳定了，而且也已经吃了快1年的药了，我不想再吃药了。"小卉对我说。

"我觉得你的药还是不能停，而且现在的剂量已经比较小了，你还是需要再维持一段时间的。"我的态度比较坚定。

"可是大夫，我真的不想吃药了。"小卉表现得有些痛苦。

"那你是想继续吃药呢，还是想回到一年前那种精神状态？"我对小卉说。

"……"小卉默不作声。

记忆瞬间把我带回到去年的这个时间，好像也是一个雨过天晴的早上，那是我和小卉的第一次见面，与她一起来的还有她的同事和父母。

那时，小卉22岁，是一名在证券公司实习的大学生。公司的同事们几乎同时发现了她的巨大变化：从之前的性格内向、不善言辞，变得兴奋躁动、夸夸其谈；从之前的不爱打扮、勤俭节约，变得花枝招展、铺张浪费。那时的小卉，经常一掷千金，购买各种奢侈品，还经常吹嘘自己正在搞几个亿的大项目。公司领导只是批评了她几句，小卉就暴跳如雷，不仅大声辱骂领导，还打碎了公司的玻璃天窗，掉落的玻璃碎片也划伤了她自己的手臂。同事们无奈，只好叫来了小卉的父母，一同把小卉连哄带骗地送来了医院。

来到医院后，小卉的情绪依然无法平静，不仅拒绝外科医生对她的伤口进行缝合治疗，还硬逼着其他男性患者与自己谈恋爱。为了小卉的安全，我只好给她注射了镇静剂……

在小卉睡着后，我与她的父母聊起了她的病情。她父母说，小卉这几天一直处于亢奋状态，爱管闲事，说话滔滔不绝，每天仅睡 1～2 个小时。但是在两个月以前，小卉的表现截然相反：整天莫名的不开心，不愿意说话，经常说自己是个"废物"，无缘无故地自责。

小卉的以上种种表现都指向一种名叫"双相障碍"的精神疾病。为此，我给小卉开具了碳酸锂的处方，并告知她务必要坚持服用。好在小卉对服药并不排斥，经过几次复诊及药物调整后，她的情绪逐渐趋于稳定，她对自己以前的行为也感到内疚。

…………

我们经常用水火不容来形容两种对立之事不能共存，但是这世上偏偏就存在两种原本势同水火的事物共生共存的现象，这正是小卉所患的这一种精神疾病——双相障碍，也称双相情感障碍。

如果把躁狂发作时的小卉比作一团熊熊燃烧的烈火，炽热且奔放；那么抑郁发作时的小卉就如同一潭冰冷的池水，无情且冷漠。

双相障碍被称为"天才疾病"，许多名人患有这种疾病。国际上将每年的 3 月 30 日定为世界双相情感障碍日，这一天也是大画家凡·高的生日，他也是一位双相障碍患者。

双相障碍，之前也叫躁郁症，是一种既有躁狂或轻躁狂发作，又有抑郁发作的心境障碍。患者的情感就像"过山车"一样：在高低两个极端之间来回摇摆。

当躁狂发作时，患者的思维异常活跃，情感异常高涨，睡眠需求大幅减少，感觉自己无所不能。但躁狂过后往往是抑郁来袭，当抑郁发作时，患者极度自卑，情绪异常低落，没有做事的动力，对未来也失去信心。"这是一沟绝望的死水，清风吹不起半点漪沦"，用闻一多《死水》中的这句诗词来形容患者抑郁发作时内心的无助是再合适不过的了。

这种由"躁"向"郁"的转换是患者尤为不能接受的，就像如果没有希望，也就不存在失望一样。如果患者一直处于"郁"的状态可能还会好一些，但当患者见过了"躁"后，再回到"郁"，那种失落的心情就无以言表了。

那么问题来了，既然我们都不想体验到"抑郁"这种消极的情绪，那么"躁狂"一点，让自己兴奋一些，岂不正好？

不可否认，躁狂状态确实能够让人感到活力无限，莫名自信。

但躁狂并不是一种健康的精神状态，它很容易对患者和社会造成危害。就像文中的小卉那样，她在躁狂发作期会变得容易愤怒、冲动，盲目乐观地对自己进行评价，进而做出一些错误的事情，比如，随意高消费、挑逗异性等。

临床上还有一种程度较轻的躁狂发作，我们称之为轻躁狂。这是让患者"乐不思蜀"的一种精神状态，患者在发作时感觉精力旺盛，文思泉涌，工作效率明显提高，幸福感十足，且不影响正常的社会功能。正常人是"人逢喜事精神爽"，但轻躁狂患者即使在没有好事发生的情况下，也可以做到满面春风、自信满满。这种精神状态不仅是患者本人非常享受的，就连与他们共事的人都对他们热情开朗和乐于助人的处事风格赞赏有加。

其实，大部分事业有成者或多或少都有过这种轻躁狂发作的情感体验，人在这种情感高涨的状态下，确实是比较容易做出成绩的。例如，轻躁狂发作的学生表现为考试成绩突飞猛进，轻躁狂发作的作家表现为创作灵感源源不断。有研究发现，相比于正常人群，双相障碍患者在创造力上确实具有更好的表现，而许多名人的成名之作也正是在这种轻躁狂状态下完成的。因此，大部分患者出现否认自己精神有问题，且自认为是"天才"的想法也就不难理解了。

那么问题又来了，既然轻躁狂发作对个体而言是一种非常愉悦的情感体验，为什么我们还要把它作为一种精神疾病来治疗呢?

这是因为，一方面轻躁狂发作后往往会紧跟着抑郁发作，研究发现，不管是轻躁狂发作还是躁狂发作，几乎都不可能单独存在，几乎所有的轻躁狂或躁狂患者都曾有过抑郁发作；另一方面，躁狂发作的轻重程度是不可控的，轻躁狂发作非常容易转化为躁狂发作，继而对患者的家庭和事业造成巨大影响。

双相障碍的症状有轻有重、表现多样，那是不是一有情绪波动就考虑双相障碍呢？

答案是否定的。众所周知，情感是难以量化的。要诊断双相障碍，患者必须同时满足以下几个条件：

① 情绪波动要超出正常范围，且要达到"躁"或"郁"的标准。

② "躁"和"郁"要持续一段时间。那些短暂出现的情感失控并不属于双相障碍的范畴。

③ "躁"和"郁"符合反复循环或交替发作的一般规律，"躁"和"郁"的发作并没有固定的顺序，可连续出现几次"躁"后出现一次"郁"，也可以反过来。

双相障碍的病因不明。大量研究显示，生物学因素、遗传学因素和社会心理因素等都对该病的发生和发展有显著的影响，且彼此之间相互作用。它的治疗一般遵循长期治疗原则，治疗药物以心境稳定剂为主。所谓心境稳定剂，是指对躁狂发作或抑郁发作具有治疗和预防复发作用，且不会引起二者相互转相的一类药物，代表性药物为碳酸锂。

碳酸锂也算得上是一个"传奇"药物了，就像"伟哥"是在研究心脑血管药物时偶然被发现的一样，碳酸锂最初在医学上的用途是治疗痛风，就是那个尿酸升高引起的痛风。真正把碳酸锂带入精神医学领域的是澳大利亚精神科医生凯德，他认为精神疾病并不是单纯的心理问题，而是一种生理疾病。受到希波克拉底"体液学说"的影响，凯德医生认为精神疾病的病因是体内化学物质的失衡，而这种失衡最有可能在患者的尿液中体现出来。于是，为了验证这一假设，他想到了把尿液注射到豚鼠体内的好办法，结果发现那些被注射了精神病患者尿液的豚鼠比被注射正常人尿液的豚鼠死亡得更快。凯德医生在此基础上做了一个大胆的假设：精神病患者尿液中较高水平的尿酸加快了豚鼠的死亡。

　　由于尿酸难溶于水，他改用尿酸锂溶液代替尿酸溶液注射到豚鼠体内，结果发现豚鼠的死亡时间并没发生改变。凯德医生怀疑是锂离子在当中起到了保护作用，于是他又将碳酸锂溶液注射到豚鼠体内，奇怪的事情发生了，豚鼠变得温顺了许多，并且对一些原本能激惹到它们的刺激的反应也变得平淡。凯德医生据此推论：碳酸锂具有稳定情绪的作用。这一发现被认为是现代精神药理学的起点。

　　但是，碳酸锂的有效剂量和中毒剂量十分接近，这限制了它在临床的广泛应用，剂量小起不到治疗作用，增加剂量又容易引起中毒。直到科学家发明了检测血锂浓度的方法，碳酸锂才算是真正登上了精神科药物的历史舞台。

时至今日，尽管针对双相障碍的治疗药物和干预手段日益丰富，但碳酸锂仍是不可替代的药物之一，它的重要性并不仅在于能控制急性躁狂发作，更体现在可以有效预防双相障碍的复发。

双向障碍的复发率还是很高的，很多时候不得不承认，双相障碍患者就像一座活火山，尽管表面看上去风平浪静，但随时都有可能从内部喷出滚烫的岩浆。

尽管这种疾病的病因尚不明确，但如果平时能够注意以下几点，还是可以降低复发的风险的：

① 注意劳逸结合，保证睡眠质量。

② 避免那些超出自己承受范围的压力。

③ 避免滥用酒精或其他成瘾性物质。

④ 找到适合自己的发泄方式。

⑤ 保持平和心态，不患得患失。

当然，人生本就是起起落落、浮浮沉沉，情绪也免不了有波动，我们不要遇到情绪问题就往疾病上联想，只要情绪变化在正常范围内就是可以接受的。

10

古老的精神疾病

分离障碍

提到精神医学的发展，就不能不提弗洛伊德。他被誉为"精神分析之父"，大名鼎鼎的荣格和阿德勒都是他的弟子。弗洛伊德通过研究分离障碍患者的异常心理活动反向推理出正常人应该具有的部分心理活动，为现代精神医学打下了坚实的基础。

分离障碍是一类复杂的心理－生理紊乱过程，主要表现为个体在感知觉、情感及行为等方面的整合能力的丧失。最直观、最容易理解的案例就是农村的"鬼附体"：一个本来神智正常的人，突然之间就像换了个人一样，胡言乱语，眼神涣散，无法控制自己的言行。这种民间称之为"鬼附体"的情况，在精神医学里就是分离障碍，多与迷信、宗教或文化落后有关。

分离障碍之前也叫癔症，又称歇斯底里，应该算是精神病学中最古老的疾病之一了，早在古希腊的医学资料中就有关于癔症的记载。受当时医疗技术水平所限，学者们普遍认为癔症是一种女性疾病，是由子宫位置或功能的异常导致的。随着社会的进步，科学家们发现癔症并非女性的"专利"，男性也会得癔症，只是不大常见而已。于是，关于癔症的脑功能异常学说在经历长时间的发展后逐渐被大众所接受。后来，由于癔症一词带有较明显的歧视性，也不能完全体现出这种疾病的临床特征，分离（转换）障碍就逐渐取代了癔症和歇斯底里。在《国际疾病分类第十一次修订本》（ICD-11）中，分离（转换）

障碍改为分离障碍。

令人匪夷所思的"怪病"

刚度完蜜月的阿薇最近得了一种怪病，据她丈夫反映，原本性格温柔的阿薇在婚后变得情绪不稳，非常容易与别人产生矛盾，并常伴有哭闹、胡言乱语、撒泼打滚等行为，严重时会哼哼唧唧地念叨着一些别人听不懂的"咒语"，手脚比画着一些别人看不懂的动作，声称自己是"狐仙"转世。一个受过高等教育的女孩为何在婚后变成了这样，这是令她的家人无论如何也想不明白的怪事。而且阿薇每次发作的持续时间长短不一，周围劝她的人越多，阿薇哭闹得越厉害。反之，如果无人关注，阿薇很快就能消停下来。更奇怪的是，事后被问及刚刚发生的事，阿薇经常是一脸茫然，对整个事件无法回忆，好像哭闹的人不是她一样。

阿薇的这种表现在精神医学上叫出神和附体障碍，属于分离障碍的一种，表现为个体在受到精神刺激后意识状态显著改变或个体原有的身份被外界"附体"的身份所取代，暂时丧失个人认同感并丧失对周围环境的充分感知。

无独有偶，正在读初三的阳光少年小民也遇到了怪问题，原来身体健康、活泼好动的小民竟突然"双目失明"了。奇怪的是，当父母在暗处偷偷观察他时，却发现口口声声说自己看不见的小民在行走时居然能躲开身前的障碍物。父母把这个奇怪的情况告诉了眼科专家，专家给小民进行了详细的眼科检查后，并没有发现异常。一边是眼科专家对小民眼睛健康的保证，一边是小民"双目失明"的奇怪现象，这可把小民的父母愁坏了。

实际上，小民的这种表现在精神医学上叫分离性神经症状障碍，指受到精神刺激后突然出现的无法解释的躯体症状，属于分离障碍中比较常见的一种类型，好发于青少年。除了小民这种奇怪的"双目失明"，还有一些奇怪的"双耳失聪""偏瘫"和"失声"，其中比较有特点的是一种被称为"癔症球"的感觉异常，患者总是感觉咽喉部有异物感或梗阻感，为此患者经常做出清嗓动作或服用消炎药物，但疗效甚微。因此，分离障碍可能是临床症状最丰富、最多变的精神疾病了。

症状是内心冲突的表现

分离障碍的具体发病机制目前还未完全阐明。心理学认为分离是一种心理防御机制，在这种机制中，个体的某些体验、行为和思维可以在一定程度上从意识中剥离，以应对那些对个体而言难以承受的心理创伤，"分离"一词即用来描述这种剥离感。这种"分离"体验其实并不陌生，我们每个人几乎都曾或多或少地体验过这种剥离感，只是我们未察觉而已。例如，我们在熟练地做完一盘菜后，发现对整个炒菜过程并不能完全回忆，这就是因为我们在炒菜的时候可能心不在焉，或沉湎于自己的心事，或被收音机里的音乐所吸引。

尽管分离障碍的症状复杂多变，但并不是毫无规律可循，这些症状在本质上还是存在许多共性的。

都由明显的心理因素引起

除了丧偶或意外等明显的重大心理应激，分离障碍的心理诱因更多地呈现出隐匿性、不易识别性和患者不愿承认等特点。所以，心理医生经常需要对患者的病史进行深度挖掘，不轻易放过任何一个细节，才能找到疾病的根本原因。

以阿薇为例，从表面上来看，阿薇每次发脾气似乎都没有征兆。实际上，几乎每次发病前，她都与婆婆产生过或大或小的矛盾，并且，如果发作时婆婆在场，阿薇的症状就较严重。

而小民的父母在与我长期沟通后，也终于说出了事情的"真相"。原来，小民在"双目失明"前无意间看到了父母同房的场面，父母对此感觉非常尴尬，所以每次就诊时都没有跟医生提及这段经历。

以上两个案例中的细节对患者的后续治疗是非常重要的，能否成功获取这些细节，一方面取决于患者及其家属对医生是否信任，是否愿意与医生分享自己的故事；另一方面也取决于医生对这些蛛丝马迹的敏感程度。所以，诊断疾病的过程有时候就像破案，病因就是"犯罪分子"，医生就是"警察"，而患者更像"目击证人"，只有"警察"和"证人"之间相互信任、充分沟通，才能尽快抓住"犯罪分子"。

患者的临床症状都是内心冲突的象征性表达

分离障碍的症状之所以千奇百怪，就是因为这些不同症状的背后都特异性地代表了患者内心不同内容的冲突。这些冲突通常是让患者难以启齿的，是患者不愿意接受的。所以，患者只能将这些压抑的冲突转化为精神症状或躯体症状表达出来。如同种下什么种子，就会结出什么样的果实一样，有什么样的内心冲突就会表现出与之对应的临床症状。按照弗洛伊德《梦的解析》中的观点，那些未被表达的情绪永远不会消失，它们只是被活埋了，有朝一日，定会以更丑恶的方式爆发出来。

阿薇因婆媳关系问题出现出神和附体障碍，这其实代表了她内心长期对婆婆的不满，而良好的教育背景使她认为不应该与婆婆发生矛盾。左边是与婆婆之间不可调和的矛盾，右边是阿薇对自己的道德要求，冲突由此产生了。

小民的情况与阿薇类似。他的父母都是为人师表的教师，从小对小民要求比较严格。自小民进入青春期后，父母就告诫小民不要早恋，更是将男女之间的性爱描述成洪水猛兽。长此以往，小民就认为性爱是一件"肮脏且不道德"的事情，父母也在小民心中逐渐树立起了"高、大、全"式的正面形象。在这一背景下，小民无意间发现了父母二人同房的事实，那一刻他的内心是冲突的、是痛苦的，他接受不了在自己心中完美的父母能做出这种"不道德"的事情。小民心中巨大的冲突无处安放，只有转换成"双目失明"特异性表达出来，其本质就是换一种方式表达内心的愧疚，对自己为什么要看到眼前这羞耻一幕的愧疚。

这种缺乏相应生理改变的躯体功能障碍的特殊之处在于：焦虑情绪总是在躯体症状之前出现，且躯体症状出现后，焦虑情绪就会消失。患者对于这些严重的"躯体疾病"漠不关心，从不主动就医治疗。

患者都有特定的人格基础

分离障碍患者往往具有高度自我中心性、高度暗示性和被暗示性及夸张表演性的人格特点。

高度自我中心性，其实就是我们通常所说的自私。具有这种性格特点的人喜欢将自己比喻成太阳系中的太阳，其他一切人或事都是围绕自己旋转的行星。他们做任何事情都以自我意愿为中心，都从自身利益出发，从不在乎别人的感受。

暗示性就是不加批判地轻易接受别人的思想或观点，"望梅止渴"的寓言故事就能很好地说明这个问题。而自我暗示性恰恰就是这么一个"自我忽悠"的过程，个体通过自己的主观想象来进行自我刺激，达到改变行为和更新观念的目的。比如，一些传销机构逼迫学员每天对着镜子大喊"我能成功"等，对学员来说其实就是一种自我暗示。

夸张表演性是一种以吸引他人注意力为目的的浮夸做作的行为模式。这类人的言行常常具有挑逗性，有时候他们故意插科打诨，经常为了赢得他人的赞美而做出幼稚可笑的行为。另外，他们的情绪很难长时间保持平静，喜怒哀乐皆形于色，表情丰富夸张，情感肤浅不深刻，常会因为一件微不足道的小事而反应强烈。他们表面上是一副性格开朗且平易近人的样子，实际上很难相处。

患者都会从症状中获益

分离障碍患者都会从症状中获得利益，尽管他们都不承认。获益的形式主要有原发性获益和继发性获益两种。

原发性获益是与症状直接相关的，几乎所有的分离障碍患者的原发性获益都是为了避免那些由内心冲突所引起的焦虑。阿薇通过出神和附体来发泄自己的不良情绪，而事后对经过不能回忆，这其实就是自我保护的一种方式。这种对事件经过不能回忆的方式使阿薇免受冲突和痛苦记忆的影响，让阿薇可以在与婆婆闹矛盾这件事中变得心安理得。而小民则是通过"双目失明"这种逃避现实的方式向自己和外界传达"我什么都没有看到"的信息，避免创伤性事件对自己的影响，借此让自己于心无愧，就像那只把头埋进沙子的鸵鸟。

继发性获益是与症状间接相关的，是个体在获得患者身份后得到的患者身份带来的权益。与原发性获益不同，继发性获益的内容往往因人而异。还是以阿薇和小民为例，阿薇撒泼哭闹后获得了丈夫和婆婆的关注，此后丈夫和婆婆在与阿薇说话时都变得小心翼翼，每次都充分考虑到了阿薇的情绪，使阿薇的家庭地位得到了显著提高。而小民在因为"双目失明"获得患者身份的同时，也获得了父母对他的纵容，除了要啥买啥，还特许小民不用去上学，而这些都是小民在患病之前可望而不可即的。

不幸的是，继发性获益一旦成立，患者就会喜欢上患病本身，不愿意被治愈，这就对症状起到了强化作用，成为分离障碍难治疗和易复发的重要因素。

心理治疗最有效

与其他精神疾病主要靠药物治疗不同，心理治疗是对分离障碍最有效的方法。其中暗示治疗是最为经典的治疗手段，其过程是使用语言或动作对暗示性强的患者进行干预，使患者在不知不觉中接受心理治疗师的观点。

暗示治疗有一个前提，即需要在治疗前测试患者的暗示性，常用的方法是三杯水试验。所谓三杯水试验，就是准备三杯一模一样的水让患者逐一品尝，并用十分肯定的语气告知患者三杯水里有一杯掺了醋，让患者从中挑出掺了醋的那一杯。在这个氛围下，暗示性强的患者会非常肯定地从中挑出一杯"掺了醋"的水，只有这部分患者才适合暗示治疗，而暗示性不强的患者会对暗示治疗产生明显的抵抗。

暗示治疗一般分为直接暗示和间接暗示两种方式。

① 直接暗示法。心理治疗师使用专业话术直接对患者进行诱导和暗示，从而达到治疗目的，最常用的技术手段是催眠和自由联想。

催眠不是让患者睡觉，而是一种人为干预的，让患者达到一种介于睡眠和觉醒之间的意识恍惚的心理状态。心理治疗师通过暗示诱导将患者的意识调整到催眠状态，绕过意识的阻抗，使其处于潜意识中的信息重新整合。催眠治疗是一种让人舒适愉悦的体验过程，如果说睡眠缓解的是肉体上的劳累，那么催眠解除的就是心理上的疲惫。催眠状态下的个体并不会丧失对个人行为的控制和对自身状态的感知能力，只是看待事物的方式具有了更多的联想性和更少的限制性而已。所以，电影中出现的那些原本意识清醒的人在被催眠后就像提线木偶一般任由催眠师摆布的情节都是虚假的，真实的催眠过程其实并不神秘。我们平时屏气凝神地欣赏一部悬疑影片时的精神状态，本质上就是一种浅度自发性催眠。而某些地区盛行的"巫术"和"跳大神"，在一定程度上也带有催眠的色彩。

催眠是进入自己潜意识世界的通道，不受时间和空间的限制，可以让我们回忆起既往时空发生的事情，从不同层次更深刻地了解自己。这个过程就像成年后的我们在路上偶然遇到一位看着我们长大的长辈，我们可能不认识他，但是可以从他口中得知我们童年时的一些经历，让我们回忆起部分早期记忆。从理论上讲，几乎任何人都可以被催眠，只是所需时间和被催眠程度不同而已。

催眠的历史可以说与人类文明的发展历史一样悠久。古印度和古埃及的祭祀活动基本都是利用祈祷等宗教手段和音乐、舞蹈等强烈的节奏来引发催眠现象，使祭祀参与者按照指令产生特定的感觉或做出特定的行为。除此之外，在中医典籍《黄帝内经》中也有通过一边抚摸患者、一边念咒语的方式治疗疾病的记载。

近代催眠研究的先驱是奥地利精神科医生梅斯梅尔。他的主要研究方向是星体对人体磁场的影响及磁力的治疗作用。按照梅斯梅尔的观点，人患精神疾病是体内磁力失衡的结果，而他自己恰好拥有能够纠正这种磁力失衡的特殊能量。所以，梅斯梅尔给患者看病时经常穿戴华丽，并且故弄玄虚地营造一种神秘氛围，让患者对他产生敬仰和崇拜之情，心甘情愿地接受"磁力疗法"。虽然他用这种办法治愈了许多患者，但遗憾的是，他将全部功劳归于磁力的物理特性，而忽略了暗示对这些患者的决定性作用。

与此同时，梅斯梅尔的这种治疗方式也受到了一些学者的质疑，其中比较具有代表性的当属英国医生布雷德。他在观摩一位医生使用"磁力疗法"给患者治疗时，试图用挑剔的态度揭穿其中的骗局，但最终以失败告终，于是他转身投入到对催眠的研究之中。在他自己设计的实验中，他要求受试者紧紧盯住眼睛上方的一个点，不久，受试者会因疲劳而闭上双眼，布雷德由此认为催眠是一种与视觉疲劳和精神专注有关的生理现象，并提出用 hypnosis 这一专属名词来定义催眠，而 hypnosis 一词正是来源于古希腊的睡眠之神——许普诺斯（Hypnos）。自此，人们对催眠的认识进入了科学研究的范畴。

时间来到 19 世纪，针对催眠产生了两大派系，一派是以利比奥特为代表的南锡学派，另一派是以夏柯为代表的夏柯学派。前者认为催眠现象是直接暗示的结果，只是一种普遍的心理现象，并不是疾病的表现；后者则认为催眠状态是一种和分离障碍本质相同的精神疾病。这场学术之争最终以南锡学派的胜利告终，催眠是一种心理学现象的观点也逐渐深入人心。

19世纪后期，夏柯的学生弗洛伊德在对催眠的研究中发现，传统的催眠诱导方式过分依赖治疗师的权威性，稳定性较差，容易引起患者的抵抗情绪，并且对某些患者根本没有治疗作用。于是，他逐渐放弃了对催眠的研究，将更多的精力放在了另一种重要的暗示技术——自由联想上。

联想，从形式上看是思维从一个具体形象到另一个具体形象的过程。当我们学习时，大脑在意志的控制下完成任务，这就是一种有目的的联想。而当我们完成学习任务进入游戏时，大脑从忙碌状态进入放松状态，就会漫无目的地进行"胡思乱想"，这种不受意志控制的联想就是自由联想。从人类进化角度看，自由联想虽然不受大脑控制，且占据大部分时间，但它绝不是在浪费时间。自由联想属于人所特有的高级功能，是大脑思维的基础。

自由联想技术在临床实践中要求患者在受到一个感官刺激（一般为听觉或视觉）后不假思索地说出自己脑子里浮现出的想法。无论这些想法何其荒诞，有经验的治疗师都会从中发现被患者压抑在潜意识中的冲突。

催眠状态下，个体平时紧锁的通往潜意识的大门可以被轻松打开，那些长期潜伏在此的消极思想也比较容易被清除，并有机会被积极的信念所取代。这个原理正是治疗阿薇这种分离障碍的理论基础，有经验的心理治疗师能够使用诱导术快速让阿薇进入催眠状态，让她的意识和潜意识实现沟通，进而整合她的自我意识，清除她潜意识中的各种致病情结，达到治疗的目的。

② 间接暗示法，是用含蓄、间接的方法对患者的心理和行为产生影响的一种暗示方法，最常用的技术是诱导。诱导中最为经典的是 10% 的葡萄糖酸钙静脉推注法。此法对小民这种分离性神经症状障碍患者的暗示效果最好。之所以选用 10% 的葡萄糖酸钙，是因为在推注它时会让患者产生喉咙发热的感觉。间接暗示法正是利用药物的这种特性起到治疗作用的。但在实际应用中，有几点需要特别注意，不然会影响治疗效果。

首先，树立医生的权威性。在给小民治疗前，我会让助手先把我吹嘘一番，把我说成是一位专治疑难杂症的"神医"。这个人设可以让小民对我产生崇拜感和高期望值，而小民对我的期待越高，治疗效果就会越好。

其次，暗示药物的神秘性。整个治疗过程中，不能让小民知道使用的是什么药，只能告诉他这是国外最新研制的特效药，把药效描述得越神奇越好。

最后，在推注药物过程中，告诉小民用药后会感到喉咙发热，只要感觉到发热，就说明药物起作用了。这时，心理医生再加上一些语言暗示，小民的症状就会瞬间好转。

当我的助手给小民推注药物时，我就在一旁询问小民："感觉到喉咙发热了吗？"

当小民说"热了"的时候，我用严肃的语气命令小民："现在马上睁开眼睛，你已经可以看到东西了！"

"我看到了，我真的看到了！"通过小民兴奋的表情，我知道这次的治疗目的已经达到了。

时至今日，尽管尚无针对分离障碍的特效药，但临床医生仍然会使用抗精神病药或抗抑郁药对患者进行对症治疗。之所以做出这样的选择，一方面是对那些无法配合心理治疗的患者采取的无奈之举，另一方面也是从治疗效果出发而做出的慎重决定，因为大量研究已证实，药物治疗联合心理治疗的方案对患者的疗效显著优于单一心理治疗。

其实，对阿薇和小民这种分离障碍患者的治疗并不算困难，只要抓住治疗中的几个关键点即可，真正困难的是预防复发。分离障碍这种精神疾病虽没有相应的器质性损害作为病理基础，却极易复发，给患者造成巨大的心理负担。避免精神刺激和负性生活事件确实是预防复发的好办法，但成年人的世界里，有烦恼是常态，不开心是无法避免的。所以，拥有一个健全的人格和稳定的情绪才是预防复发的关键所在。

11

睡眠的奥秘

失眠障碍

如果我说失眠属于精神病，你肯定会对我嗤之以鼻，觉得我是在危言耸听。但真实的情况是，失眠不管是作为一种独立的疾病还是作为其他疾病的伴随症状，确实都在精神疾病的范畴内。

睡眠是我们每个人都习以为常的行为，但很少有人认真地想过这样一个问题：我们为什么需要睡眠？

其实，睡眠是维持大脑功能和精神健康最重要的生理心理过程之一，人的一生大约有三分之一的时间是在睡眠中度过的。换句话说，一个人如果能把觉睡好，那么他就至少拥有了三分之一的快乐人生。科学家通过研究发现，睡眠过程中，人的淋巴系统能清除掉那些对人体有害的神经毒素，所以，"睡美容觉"的说法也并非毫无科学道理。

而长期睡不好觉不仅会诱发多种疾病，还可能影响正常的工作和生活。国外一项研究发现，超过90%的生产效率下降与失眠有关。

刚刚步入中年的小斌是一位职业经理人，平时的工作紧张且忙碌，小斌就像一只永不停歇的陀螺。按常理来说，小斌在经历了白天高强度的工作后，晚上应该很容易入睡，然而他竟是一位长期失眠患者，每到晚上脑子就异常清醒，白天发生的事情像幻灯片一样一页一页地在脑子里闪现。久而久之，入睡成了他的一块心病。最严重的时候，小斌整夜都不能合眼。长此以往，小斌心身疲惫，不仅工作效率严重下降，连脾气都变得易怒了。

为了改善自己的睡眠，小斌尝试了各种有助于睡眠的办法。从睡前喝牛奶到数羊，从吃中药到吃西药，几乎所有能用的办法都用上了，但效果都不太好。而且，每种办法都是刚开始的时候有点作用，过一阵子就无效了。为此，小斌经常自嘲是一个总是睡不着的"特困生"。

戏剧性的是，小斌也有不经意间睡着的情况。比如，当小斌半倚在沙发上沉思的时候，还有坐在马桶上刷手机的时候。每当处于这种情境，小斌的困意就会油然而生，眼睛就会禁不住地慢慢合上。而当他想趁着这难得的睡意脱光衣服，钻进被窝大睡一场的时候，脑子又瞬间变得异常清醒，好像是使用了兴奋剂一样，不仅睡意全无，而且思维特别敏捷。按照小斌自己的说法，他现在不愁吃，不愁穿，就愁自己啥时候能好好地睡一觉。

小斌的这种情况并非个案，而是很有代表性的。好好地睡个觉对一些人来说还真是个奢望。几乎每个人都有过难以入眠的经历，那么，是不是每个人都有精神病呢？失眠要达到精神病的严重程度，还是需要符合一些标准的。流行病学调查显示，大约有15%的成年人患有失眠障碍，而慢性失眠障碍的患病率在10%左右，且自然缓解率低于50%。失眠障碍是一种具有慢性化倾向的精神疾病，大约有37.5%的失眠障碍患者在5年的随访期间仍然存在失眠的情况。

与失眠相对应的精神疾病叫失眠障碍，是指在有充足的睡眠机会和适宜环境的前提下，仍存在频繁且持续的睡眠启动和维持困难，并影响了个体白天的社会功能的情况。失眠障碍主要表现为以下临床症状：

① 入睡困难。患者在适当的睡眠机会和环境条件下，入睡时间超过 30 分钟。

② 睡眠维持困难。患者在睡眠过程中出现觉醒次数过多或觉醒时间过长，或觉醒后难以再次入睡。其中，早醒是抑郁症患者具有标志性的失眠表现。早醒通常指起床时间比预期的起床时间至少提前 30 分钟，且引起总睡眠时间的减少。

③ 失眠引起次日白天社会功能的损害，常表现为全身不适、注意力不集中、疲劳、焦虑等。

④ 对失眠的恐惧。患者对失眠的恐惧往往比失眠本身对患者造成的影响更大，许多经历过失眠的患者经常从白天就开始为夜间的睡眠担心，由此引发焦虑者不在少数。

小斌的"困意"，我们也经常说成"睡意"，在学术上被称为"睡眠驱动力"，指我们对睡眠的需要程度。这么说吧，如果把进入睡眠的过程比作高空跳伞，那么睡眠驱动力就是地球引力。可以说，睡眠驱动力是决定睡眠质量的一个关键性因素。

那么，睡眠驱动力又是由什么来决定的呢？或者说，我们要如何做才能获得高睡眠驱动力呢？这就要从一种名叫"腺苷"的物质说起了。我们人体要维持生命，就要不断地摄入食物和不断地消耗能量，而腺苷就是人体能量消耗过程中的代谢产物。人体的每个器官在进行新陈代谢时都会产生腺苷，而大脑作为维持生命的"中枢机构"，消耗的能量是较多的，所以大脑中生成的腺苷也是较多的。而腺苷又是一种抑制性神经递质，可以抑制人脑多巴胺等兴奋性神经递质的释放，从而让人的意志行为减少，当大脑中的腺苷积累到一定程度时，人就会产生困意。

因此，要想在晚上获得足够强的睡眠驱动力，持续保持白天的觉醒状态是一个不错的选择。睡眠的过程其实也是人体清除腺苷的过程，当大脑中的腺苷减少至一定程度时，睡眠驱动力就会相应变弱，人体也就不再需要过多的睡眠了，自然而然就会从睡梦中醒来。

许多人在困倦时会选择来一杯咖啡，以起到提神醒脑的作用，这背后的机制就是咖啡里含的咖啡因与腺苷有着极其相似的化学构造，它可以取代腺苷与相应的腺苷受体结合，从而阻止腺苷发挥作用，达到降低睡眠驱动力的效果。

目前对失眠障碍的治疗主要以睡眠卫生宣教和药物治疗为主。相信大家都听说过饮食卫生和个人生活卫生，但对睡眠卫生的概念可能就比较陌生了。睡眠也要讲卫生吗？是的，要想睡好觉，良好的睡眠卫生必不可少。

睡眠卫生并不是像"七步洗手法"那样，只要按照规定完成一定的步骤就可以保证睡个好觉。睡眠卫生的主要目的是指导我们形成良好的睡眠习惯和纠正患者对睡眠的一些错误认知。

① 不要过多纠结睡眠时间的长短。每个人所需的睡眠时间其实并不一样，睡眠时间更像食量，有的人吃得多，有的人吃得少，但是吃完后都不饿。睡眠也是这样，有人需要的睡眠时间长，有人需要的睡眠时间短，只要不影响次日的工作生活即可。所以，盲目追求每天 8 小时的睡眠是完全没有必要的。

众所周知，婴儿的睡眠时间很长，一天可以睡十几个小时。但随着年龄的逐渐增长，睡眠时间也会随之缩短，到了成年，睡眠时间可缩短至几个小时，而老年人对睡眠的需求可能更少，而且睡眠结构也发生了变化。老年人的睡眠结构不再像年轻人那样具有明显的觉醒—睡眠周期，而是变成了一会儿睡一觉、一会儿睡一觉的碎片式结构，那种一觉到天亮的情况在老年人身上会变得越来越少。所以，患有慢性失眠障碍的老年人要接受自己身体发生的变化，不要总跟以前的自己做对比，可以尝试着换一个思路看待睡眠时间的减少：睡眠时间减少意味着活动时间增多，是不是就有更多的时间去做想做的事情了呢？

② 睡不着的时候要马上离开床，不要在床上看手机或看书。失眠障碍患者要记住：床是用来睡觉的，只有在感觉困倦时才能上床，并且尽量不要在床上做与睡觉无关的事，睡不着的时候就

从床上下来，去做一些别的事情，比如，打扫卫生或散步等。不要试图强行入睡，要明白睡眠是一个顺其自然、可遇不可求的过程，只要足够困倦，睡眠就是一件水到渠成的事，想睡不着都难。

尝试在睡前进行一些仪式化的固定活动，比如，睡前半小时做一次瑜伽，或者泡一次脚等。努力将这些习惯坚持下去，大脑就会形成"睡前瑜伽（或泡脚）—睡眠"的条件反射，对自然睡眠是大有帮助的。

小斌之所以会在沙发上和马桶上轻松入睡，很有可能就是之前形成了睡前半倚在沙发上或睡前上厕所的生活习惯。

如果实在睡不着，也不要担心，更不要通过延长次日午睡时间的方式补觉，因为午睡有可能降低晚上的睡眠驱动力，反而会加重失眠。其实，短期的睡眠质量不好真的不会让人精神崩溃，反而这种对失眠后果的过分担心才更容易让人焦虑不安。

③ 做梦多并不代表睡眠质量差。做梦几乎是每个人在正常睡眠状态下都有可能经历的事情，特别是在压力过大的时候，做梦会出现得更加频繁。只要对次日的精力影响不大，我们就不必过分关注。但如果你经常被梦中的恐怖画面惊醒，并且在醒后可以清晰地回忆起梦中的细节，同时心有余悸，无法再次入睡，那么就要重视起来了，因为你很可能患了一种叫作梦魇障碍的精神疾病。这种疾病不仅会严重影响睡眠质量，而且很有可能会诱发抑郁和焦虑情绪。

④ 睡前避免剧烈运动，避免摄入兴奋性物质（咖啡、浓茶等）和进食不容易消化的食物，并避免从事能引起神经兴奋的工作和观看激动人心的影视作品。

许多人有在睡前喝点小酒来促进睡眠的习惯，饮酒确实在一定程度上能够缓解焦虑和加速入睡，但往往引起早醒，所以不鼓励长期使用这个办法。

⑤ 睡眠环境并非越安静越好。安静的环境确实是帮助入睡的基本条件之一，但并不是说环境越安静越好。现实中就是存在这样一种现象：有些人在安静的环境中睡不着，在相对吵闹的环境中反而可以安然入睡。

要解释这一现象，我们需要引入"白噪音"的概念。心理学中的白噪音，特指那些频率相对均匀、单一且有规律性，不会让人产生"违和感"的声音。它可以产生一种"遮蔽效应"，让人能够忽略掉环境中本就存在的一些嘈杂的声音。常见的白噪音有许多，比如：树叶互相摩擦发出的沙沙声、海浪轻拍沙滩的哗哗声等。这些声音在一定程度上都具有缓解焦虑和催眠的功能。

现在知道为什么下雨天和睡觉最搭配了吧！下雨的时候，不仅光线较暗，雨滴落下的滴答声还是一种"白噪音"。舒缓的音乐同样可以起到助眠的效果，所以，睡前听一段古典音乐的办法也是值得推荐的。

⑥ 如果还是睡不着，就是睡不着，不妨试试"反向操作法"，

我们也叫它"反向意念法"。这个办法的宗旨是把你从"快速入睡"和"必须入睡"的错误思想中拯救出来。具体操作也不难。首先，在睡觉的床上躺下，睁大双眼并告诉自己："不要睡觉。"然后，尽可能地减少眨眼的次数，不一会儿你就会感觉到眼睛疲劳，想闭眼。这时一定要继续坚持住，尽量减少眨眼的次数，并继续告诉自己："我不要睡觉。"这样试着坚持下去，最后你整个人就会在与眼睛疲劳的对抗中败下阵来，不知不觉闭上眼睛，安然入睡。

药物治疗必须要在睡眠卫生的基础上进行，并且应遵循"个体化、小剂量、按需服用、间断服用"的治疗原则。长期使用大剂量的药物改善睡眠不仅治标不治本，还存在药物依赖的风险。

治疗失眠的常用药物主要有以下几类：

① 苯二氮䓬类。老百姓嘴里的"安定"特指这类药物中的地西泮，其他与之药理性质相似的还有艾司唑仑和劳拉西泮等。长期服用苯二氮䓬类药物有药物依赖的风险，所以最好是在短期内少量使用。对于患有失眠障碍的老年患者，更应该减少此类药物的使用，因为它们会增加老年人的记忆损害。

② 非苯二氮䓬类，包括佐匹克隆、右佐匹克隆、唑吡坦和扎来普隆。这类药物副作用相对较小，是临床中常用的催眠药物，但患者长期服用也容易出现运动不协调和认知障碍等不良反应。

③ 镇静作用较强的抗抑郁药。这类药物虽一般不作为失眠障

碍患者的首选，但它们在临床中也发挥着重要的作用。部分失眠障碍患者往往伴有抑郁或焦虑情绪，针对这样的患者，选用镇静性强的抗抑郁药往往可以起到一举两得的作用。

④ 褪黑素类药物。褪黑素其实是人脑松果体产生的一种光信号激素，在人体内分泌调节中发挥多种作用，其中被大家所熟知的一个作用就是调节睡眠节律。市面上许多保健品的主要有效成分就是褪黑素。

针对部分由于褪黑素缺乏而出现失眠障碍的患者，短期内适当地补充褪黑素的确可以起到改善睡眠的作用。长期大剂量服用褪黑素会引起一些严重不良反应，并且市场上可以随意买到的褪黑素也并非治疗性处方药物，仅具有一些保健作用，所以并不推荐患者在没有医生的指导下擅自使用褪黑素类产品。

其实，让失眠障碍患者在短期内睡个好觉是很简单的，但如何让患者睡得健康就需要医患之间的默契合作了。

睡眠就像从手心淌过的流沙，你攥得越紧，它流失得越快。所以，与其这样求而不得，倒不如干脆一笑了之。不熬夜，不纠结，讲卫生，讲策略，就是睡好觉的秘诀，你学会了吗？

12

都是减肥惹的祸

进食障碍

"昔者楚灵王好士细要，故灵王之臣皆以一饭为节，胁息然后带，扶墙然后起。比期年，朝有黧黑之色。"

这段话翻译成白话文就是：从前，楚灵王喜欢臣子有纤细的腰身，臣子们就每天只吃一顿饭来保持身材。他们每天穿衣服前都要先屏住呼吸，再扎紧腰带；起身时要扶着墙壁才能站起来。一年之后，满朝大臣的脸色都变得黧黑。这就是"楚王好细腰，宫中多饿死"的由来。

其实，何止楚国，在源远流长的中华文化中，除了唐朝这样个别以丰满为美的朝代，大多数时期还是以瘦为美。楚灵王时期的大臣也许是有记载的最早一批深受减肥之苦的人吧。

时至今日，以瘦为美的风潮依然在社会中占据主流，尤其对于女孩来说，减肥几乎成了她们的必修课。更有一些思想极端的女孩，为了拥有"反手摸肚脐"和"锁骨放硬币"的"完美"身材，想尽各种办法，甚至不惜以身体健康为代价。

神经性贪食

辉雅是一位正在上大二的女生，不仅长得漂亮，而且学习成绩优异，一直都是同学眼中的焦点。在半年前的一次同学聚会上，一位同学随口对辉雅说了一句："你要是再瘦点的话，肯定能成为校花！"

谁知说者无心听者有意，辉雅对同学的这句玩笑话十分介意，回到宿舍后就开始反复端详镜子里的自己，然后得出了一个结论：自己确实比较胖，距离理想中的完美身材还差了许多。

　　从那时开始，辉雅对自己的身材产生了焦虑，并开始了自己的减肥计划。为了达到限制热量摄入的目的，辉雅开始不吃早饭，午饭和晚饭也尽可能地少吃。一段时间后，辉雅确实比之前瘦了一些，绝对算得上标准的"苗条身材"了，但辉雅自己不这么认为，她始终对自己的身材不满意，总是想尽办法让自己变得更瘦一点。加上受"以瘦为美"的社会风气影响，辉雅减肥的决心日益坚定，行为也逐渐变得极端。一旦发现自己的体重增加，哪怕只是增加一点点，辉雅就会变得异常焦躁。她开始通过暴饮暴食来缓解这种不安，经常一次性吃掉平时几天才能吃完的食物。

　　暴饮暴食只能让辉雅得到片刻的放松，随之而来的是无尽的内疚和悔恨。她的内心是极度矛盾的，一边为自己无法拒绝美食的诱惑而自责，一边又暗自享受着进食与呕吐带来的快感。

　　长期在减肥观念笼罩下的辉雅已经对食物产生了一种错误的认知，她认为任何食物，哪怕是水，只要进入体内就会转变成让自己变胖的脂肪。于是，为了不变胖，辉雅在每次暴饮暴食后都悄悄地去厕所以用手指抠喉咙的方式催吐，这样既满足了她吃东西的欲望，又可避免食物转变为脂肪，看起来真是一个两全其美的"好办法"。

可时间一长，这个"完美方案"就不再有效了。辉雅突然发现，自己用手指抠喉咙时不再像之前那样有恶心呕吐感了，需要用筷子等较长的物体刺激喉咙的更深处才能达到催吐的效果。而且，辉雅的身体也变得越来越虚弱，体重直线下降，还经常无缘无故地头晕，手背也在与牙齿的常年摩擦中留下了多处疤痕。但这些并没有让辉雅的减肥信念产生丝毫的动摇，反而促使她采取了一个更疯狂的举动——加入"仙女"群，使用"仙女棒"催吐减肥。

"仙女棒"这个名字听起来很美好，其实就是一根长约半米的普通中空软管。将这根软管从口中缓缓插入，直达胃部，通过软管对胃部的刺激引起食物倒流，从而达到把吃下去的食物再吐出来的目的。但这么一个看似健康的减肥捷径，其实是反生理的，因为人的食道本来是单向的，这样可以保证吃下去的食物顺利到达胃部。而呕吐行为本身是机体的一种保护机制，可以在紧急时刻让有害的食物排出体外，如果长期强行通过使用外力的方式诱发呕吐行为，势必会对身体产生许多危害。

想必有过呕吐经历的小伙伴都知道，呕吐这种体验是十分难受的，因为和食物一起出来的还有胃酸。胃酸是一种刺激性很强的酸性液体，能够杀死食物中的大部分微生物。在和食物一起反流的过程中，胃酸会灼伤食道，严重者会出现溃疡和穿孔。当胃酸接触到声带和牙齿时，也会对它们进行腐蚀，进而出现慢性声带炎和牙齿损伤。除此之外，胃液中除了含有胃酸，还有钾、钠、氯等电解质，这些物质都是维持机体正常运转的重要组成部分，催吐会造成这些电解质的失衡，严重者会影响心脏等重要器官的功能。

许多不良商家抓住了女孩迫切减肥的心理，将催吐管粉饰成"仙女棒"进行错误引导，还一再利用"一个月瘦10斤不是梦""女孩要么瘦，要么死"等话术进行商业宣传，吸引那些对减肥有错误执念的女孩购买。

其实，以辉雅为代表的"仙女们"得的是一种名叫神经性贪食的进食障碍，属于一种精神疾病。这种疾病好发于对体重过分关注的年轻女孩，主要表现为反复发作和无法抗拒的暴饮暴食及减重行为。

神经性贪食的患者都存在一种对身材的超价观念。所谓超价观念，就是被某种强烈情绪所影响并在意识中占主导地位的观念。"超"是"超过"的意思，"价"是"价值"的意思，也可以将超价观念理解为超过实际价值的病态观念。比如，一个人每天都要背着自己买的高压锅上班，就连睡觉都要把高压锅放在床边紧贴着自己，原因是他觉得这个高压锅特别好，十分担心它被别人偷走。诚然，这个高压锅确实不错，但也不至于让一个人痴迷至此，这背后的原因就是患者对高压锅强烈的不切实际的喜欢。人在这种强烈的情感体验下，会对客观事物做出错误的判断，就有可能形成超价观念。

神经性贪食患者的超价观念大多是在焦虑、抑郁情绪下形成的一种过分担心自己肥胖的不合理观念。患者开始一般通过多食（尤其是甜食）来缓解紧张、焦虑等不良情绪。这也是人体的一种自我保护机制，因为蛋糕等碳水化合物含量较高的甜食可以快速补充大脑所需的糖分，有稳定情绪的作用。另外，糖分还会通过刺激舌头上的味蕾促使大脑分泌多巴胺，让人产生兴奋、快乐的感觉。所以，甜食也被心理学家称为"快乐食物"。

但摄入过量的糖和碳水化合物势必会影响苗条身材的保持，这也是许多爱美女孩无法容忍的。于是，患者整日在焦虑抑郁—暴饮暴食—催吐—焦虑抑郁之间徘徊，心情不好时就暴饮暴食，暴饮暴食后就后悔，后悔了就通过催吐摆脱罪恶感，吐完后心情又不好……在这个扭曲的过程中，食物的作用已不再是充饥，而是情绪的麻醉剂，让患者又爱又恨，就像用盐水止渴一样，不喝就渴，喝了更渴。

要治疗神经性贪食，除了改善患者的营养水平和对症治疗患者的躯体疾病，最核心的是纠正患者的超价观念。

前面已经提到，超价观念大多是由焦虑、抑郁等不良情绪导致的，所以抗焦虑药和抗抑郁药是治疗此病的重要手段。在此基础上，还需要通过心理治疗帮助患者摆脱其对体重的过分关注。

总体来看，神经性贪食患者通常都是完美主义者。其实，追求完美并不是错，但盲目追求完美就是一种不自信的表现了。神经性贪食患者总是渴望通过无限制地改变自己的身材来获得别人的认可，他们普遍认为自己不如别人，对别人的看法极度敏感，哪怕是别人口中一句无伤大雅的玩笑话，都有可能成为他们情绪崩溃的诱因。心理治疗师在治疗过程中要让患者明白以下几个道理：

　　第一，通过暴饮暴食缓解不良情绪的做法无异于饮鸩止渴。不好的情绪确实需要发泄，但这个发泄途径至关重要，不好的途径往往导致不好的结果。神经性贪食患者出现暴饮暴食行为并不是因为饿，而是因为他们需要发泄。心理治疗师可以运用行为矫正疗法，让患者结合自己的实际情况找到正确的情绪发泄途径。每当患者有暴饮暴食的想法时，就及时提醒患者控制饮食，并带领患者从事其他活动来分散注意力，比如运动。适当的运动不仅能促进多巴胺的分泌，缓解焦虑抑郁情绪，更能帮助患者改善体质、增强自信。

　　第二，过分关注自己的身材无异于舍本求末。虽说爱美之心人皆有之，良好的外在形象确实能让别人更愿意接近自己，但过度关注外在形象就容易迷失自我，而忽略人最重要的内在品质。心理治疗师要帮助患者形成正确的审美观：一个人仅靠外貌吸引他人是不够的，决定个人魅力的还是内在道德品质。试问，一个品行端正、心地善良的人，怎么能不给人带来美的感受呢？"粗缯大布裹生涯，腹有诗书气自华"说的就是这个道理。

第三，健康的身体才是一切的前提。心理治疗师要和营养师一起给患者制订健康的菜谱和规律的饮食计划，并监督患者完成。如果患者在这个过程中出现强烈的抗拒，那么医生也要尽可能地阻止患者食用一些高热量或高脂肪的食品，提醒患者尽量食用健康食物，比如，水果和蔬菜等。

第四，家长要善于识别孩子的不良情绪。神经性贪食患者一般发病于青春期和成年初期。这个年龄段的孩子的情感体验开始变得复杂化，加之他们涉世未深，尚无法理解许多社会现象，就更容易出现焦虑、抑郁情绪。同时，他们的自我意识和独立性变得更强，不再喜欢向家长倾诉，但他们的内心又渴望得到家长的帮助和关注。

如果家长没有及时察觉他们的情感变化，他们就会感到无比失落：既然我内心的苦闷你们观察不到，那么我就换一个你们能看到的。于是，他们就可能把自己的身材作为向家长求助的借口：你看，我都这么胖了，我很痛苦，你们快点来关心我。

所以，家长要重视孩子的不良情绪，及时引导他们合理地表达情绪，并帮助他们找到情绪变化的原因，避免因不良情绪而产生超价观念。

神经性厌食

和小芳第一次见面时，虽正值盛夏，但小芳把自己包裹得严严实实：她穿着宽松的牛仔裤、肥大的冲锋衣，戴着宽沿的遮阳帽和宽大的太阳镜。加上小芳行动缓慢，语速低沉，我丝毫看不出这是一位23岁的年轻姑娘。

简单寒暄几句后，小芳颤颤悠悠地坐在了我对面的沙发上。她摘下了帽子和太阳镜，露出了稀疏的头发、深陷的眼窝和暗黄的皮肤。我递给她一杯水，小芳下意识地伸手来接，宽大的袖口里露出了瘦得皮包骨头的手臂。我努力掩盖住内心的惊讶，抓紧开始了本次咨询。

从交谈中我得知，小芳是一位舞蹈演员，因其自幼学习舞蹈，小芳的父母对她的饮食和身材都进行了严格的管理。小芳也是争气，通过刻苦的训练，她的舞蹈越跳越好，身材也非常苗条。

可是谁也不曾想到，这样一个前途无量的女孩的命运竟然被两年前的一节舞蹈课彻底改变了。据小芳自己回忆，那节舞蹈课其实并没有什么特别之处，舞蹈老师照例逐一纠正同学们的各种错误动作，当轮到小芳时，老师随口说了一句："你的腿应该再瘦点。"但就是这简单的一句话，对小芳来说简直就如同晴天霹雳一般，当晚让她久久不能入睡。

"你的腿应该再瘦点，你的腿应该再瘦点……"从那节舞蹈课起，这句话就反复在小芳的脑海中出现，让她的心情一直无法平静。于是，小芳开始了更加严格的身材管理计划，尤其是针对双腿。除了每天减少饮食，小芳还加大了腿部的运动量，并且坚持早晚两次用软尺测量自己的腿围。一旦发现自己的腿围减小，小芳就欣喜若狂，反之则悲痛欲绝。

久而久之，小芳对食物产生了厌恶感，经常每天只进食一些水果和蔬菜。她的体重也从105斤迅速下降到了70斤，腿围自然也小了许多。正当小芳开始为自己的减肥成功而高兴时，她的身体却出现了透支的情况，她开始经常性地头晕、心慌、注意力不集中，连月经都变得不规律了。

小芳的父母开始并没在意，只是简单地认为小芳可能是因为压力过大出现的不适应。直到有一天，小芳在走路时突然晕倒，这才引起了父母的重视，他们连忙把小芳送往医院。在多位专家联合会诊后，小芳最终被诊断为"神经性厌食"。

经过两周的住院治疗，小芳的躯体情况较前明显改善，但她对食物的厌恶感仍然没有丝毫改变，体重也没有显著增加。她的父母非常着急，这才逼着小芳来看心理医生，于是就有了我和小芳初次见面时的场景。

"这种感觉就像是与魔鬼签署了一份不可告人的协议，总有种邪恶的力量逼着我拒绝食物，由不得我自己去选择。"小芳悲叹自己的不幸。

"我们一起努力，看看能不能撕毁这份与魔鬼的协议。"看着骨瘦如柴的小芳，尽管从情感角度出发，我真的非常想把她治愈，但理智告诉我还是不能把话说得太满，毕竟神经性厌食的治疗通常是一个漫长而艰难的过程。

神经性厌食是一种通过刻意节制饮食来控制并维持体重明显低于正常标准的进食障碍，常见于年轻女孩。该病的核心症状是，患者在认为自己过于肥胖和害怕体重增加的超价观念的支配下，采取绝食等极端措施，盲目追求苗条身材。这类患者常伴有营养不良和内分泌紊乱（如低血糖、绝经等），严重者可出现多器官衰竭而危及生命。

那么问题来了，当我们在节食减肥过程中出现了体重下降，我们如何来判断这种体重下降是正常节食减肥的成果，还是得了神经性厌食所致呢？我们可以参考几下几点进行鉴别：

① 神经性厌食患者对自己的体重和身材的认知是歪曲的。尽管有些患者的身材已经非常苗条了，甚至都达到消瘦的程度了，但他们仍坚持认为自己太胖。而正常节食减肥者一般不会有这种想法。

② 神经性厌食患者会出现神经内分泌改变，女孩可能出现闭经，男孩可能出现性功能减退，青春期前发病的患者会出现第二性征发育延迟。而正常节食减肥者一般不会出现内分泌改变。

③ 神经性厌食患者的体重大多严重偏离正常，常出现营养不良和代谢紊乱，且他们通常无视自身的健康状况。而正常节食减肥者一般不会出现这种情况。

神经性厌食的治疗难度较大，完全治愈的可能性较小，治疗原则与神经性贪食症差不多，一般以改善营养状况为首要目标，同时配合药物治疗和心理治疗改变患者的超价观念。但是，因为患者通常否认自己的问题，所以经常出现患者不配合治疗的情况。

神经性贪食和神经性厌食是进食障碍的两个不同的临床类型，二者既有相同点，也存在一些不同之处。下面我们来总结一下，帮助大家更好地理解这两种精神疾病。

相同点：

① 两者均找不到明确的致病原因，目前研究认为，两者都是心理因素、生物学因素及社会文化因素等多方面综合作用的结果。

② 两者的核心症状均是怕胖的超价观念，都好发于青年女性。

③ 两者都会出现营养不良和内分泌代谢紊乱等症状。

④ 两种疾病的患者都可出现催吐行为。

⑤ 两者的治疗都比较困难，需要长期药物治疗和心理治疗。

不同点：

疾病类型	对食物的态度	发病年龄	体重下降程度	自控力	求治意愿
神经性贪食	进食后会后悔，然后再进行催吐	较晚	较轻	较弱	较强
神经性厌食	对节食这一行为引以为傲	较早	较重	较强	较弱

患者的家属要学会理解患者的感受，不要将这种精神疾病简单认为是"不好好吃饭"。家属要学会换位思考，其实，进食障碍患者从镜子中看到的自己真的与别人眼中的自己差别很大。

作为患者的家属，首先要相信患者对自身外貌的这种歪曲的评价是真实存在的，然后要帮助患者树立正确的价值观，引导患者对身材有一个正确的认识，不刻意追求"骨感美"，试着做一个健康自信的人。除此之外，尽量同患者一起养成良好的进食习惯：不偏食、不挑食，饥饿时才进食，吃饱了就停止进食，不要过度进食。

最后，解铃还须系铃人，心病还要心药医。要解决不良情绪不要寄希望于炸鸡和可乐，遇到解不开的心理难题，及时到专业医院就诊真的十分有必要。

13

为什么是你？

讨好型人格

"您能不能耐心听完我的故事？谢谢您了。"这是小倩见到我说出的第一句话，客气得让我有点不好意思。

"医生，我现在真的挺矛盾的，我感觉自己快要崩溃了。"尽管小倩的心情十分糟糕，但她脸上依然挂着职业性微笑。

"没关系的，你想说什么就说什么，我会尽量帮助你的。"职业本能告诉我，眼前这个文质彬彬的女孩可能有一些难言之隐，所以我尝试着拉近与小倩的心理距离。

"我男朋友不喜欢我，我为他做了很多，但他就是不喜欢我，我不知道如何挽留他。对不起，医生，我不应该这样，但是我控制不住……"说着，小倩忍不住用手捂住脸，边哭边对我道歉。

我马上递给她一包纸巾，并安慰道："在这里想哭就哭，不用道歉，你没有做错任何事。"

小倩仍抽泣不止，但直觉告诉我，她已经开始初步信任我了，趁着她擦拭眼泪的时间，我仔细打量起了这个女孩：干净利落的短发，搭配着中性的方格西装，透露出职场女性的干练，只是略微发黑的眼圈在白皙肤色的衬托下显得格外突出，可见她近期的睡眠有些问题。

"对不起，医生，十分抱歉。"小倩擦完眼泪，一个劲地向我道歉。

她接着向我倾诉，她今年32岁，是一家公司的职员，与比自己小一岁的男朋友交往已经快两年了。眼看自己的年龄越来越大，她特别希望能够与男朋友尽早结婚，但男朋友对她的态度飘忽不定，每次只要谈及婚姻问题，他就闪烁其词。

小倩开始以为是自己对男朋友不够好，让他对婚后的生活缺乏信心，所以想尽办法去迎合他的各项需求：知道男朋友喜欢打篮球，小倩就把平时省吃俭用攒下来的钱给他买了名牌篮球鞋；知道男朋友平时不爱做家务，小倩就放下女孩的矜持，主动搬到他的住处，照顾他平时的饮食起居。尽管如此，小倩的痴心还是没能换来男朋友的情深，他竟然以小倩生理期无法满足自己为由，公然与别的女孩纠缠在了一起。

"他都这样了，你还有什么可留恋的呢？"我有点听不下去了，打断了小倩。

"我年龄大了，不想分手，他比我年轻，而且挣的也比我多，我能找到这样的男朋友其实已经挺知足的了。只要他能回头，能够有所收敛，我还是能够接受的，毕竟我还是喜欢他的。我只是不明白为什么我对他那么好，他却这么对我。"小倩的脸上写满了失落和忧伤。

"即便你不想分手，难道你就没想过和他大吵一架？或者打他一顿出出气也好啊，毕竟是他背叛的你。"我问小倩。

"其实很多时候想到这些事，我也挺生气的，但是我这人就像天生与吵架、打架这种事绝缘一样。别说自己与别人吵架了，就连在大街上看到别人吵架，我也会躲得远远的。平常在公司我也是这么一个人，您要是有时间，能听我多说一会儿吗？"小倩的情绪平静了很多，脸上再次露出了微笑。

"当然可以，你随意说，我的工作就是出租我这两只耳朵。"我尝试着让谈话的气氛轻松一些，可以让小倩不那么拘谨。

"其实我来这个公司已经好多年了，也算是老员工了，您别看我平时总是笑眯眯的，其实这几年我过得并不开心，始终有种无法融入集体的感觉。我是一个特别不喜欢计较的人，所以办公室的快递基本都是我去拿，哪个同事想替班也基本都找我，年终的优秀名额我也不喜欢去争，公司有好的项目我也经常让给别人去做。但公司每次升职加薪都轮不到我，我还是会有些委屈，可换一个角度想想，大家每天能高高兴兴地在一起工作，不用你争我夺的，也就释然了。"小倩说道。

"你就真的喜欢这种生活方式吗？"我反问道。

"其实也不是，但我总感觉别人开一次口不容易，我也不好意思去拒绝别人，所以能帮的我就尽量帮了。最让我不舒服的一件事发生在去年公司的年会上，我抽奖抽中了1000元现金，办公室的同事非让我请客吃饭，说是给我庆祝。我本来不想答应，但害怕扫了大家的兴致，就硬着头皮答应了下来，结果吃饭花了1200元，自己反而倒贴了200元。"小倩有些无奈。

"那你现在需要怎样的帮助呢？"我继续问道。

"我就是想知道，为什么我对别人的付出，换不来别人同样的以诚相待呢？"

…………

小倩的问题，从表面上看是一个简单的关于人际交往和恋爱的问题，但隐藏在这个问题背后的本质是发人深省的。

现在回想一下，你在工作生活中是否存在与小倩类似的情形呢？

别人找你帮忙，你有没有过内心明明很抗拒，但还是不好意思拒绝的情况呢？

你有没有过因为害怕别人不高兴而把自己的想法憋在心里的情况呢？

你有没有过不管孰对孰错，只要与别人发生争执，就首先给对方道歉的情况呢？

存不存在只要公司里有件事情没有人愿意去做，最后就一定由你来完成的情况呢？

你有没有过为了挽留一段单方向付出的关系而持续消耗自己的情况呢？

如果以上情况在你身上发生过，你有没有试着问一下自己：为什么是你呢？为什么每次都是你呢？为什么最先妥协的那个人是你呢？为什么付出了但得不到回报的那个人是你呢？

其实，你不必觉得委屈，这些事情真的不是必须要你去做，这些情况也真的不是别人强加于你的，都是潜伏于你内心中的讨好型人格导致的。所以，不要去埋怨为什么你在恋爱中遇到的都是"渣男"或"渣女"，也不要去纠结为什么每次升职加薪的不是你，如果不及时做出改变，那么下一次公司里"顺手"倒垃圾的人还是你，无缘无故"背黑锅"的也是你，恋爱中不被珍惜的还是你……

有句话叫"性格决定命运"，说的是一个人的性格会影响一个人的思维模式，而一个人的思维模式又会影响一个人的行为方式，一个人的行为方式必将在很大程度上影响这个人的人生轨迹和别人对他的看法。尽管小倩面对的痛苦和困惑不能完全被归结为咎由自取，但也确实与她的讨好型人格脱不开干系。

讨好型人格是一种违背自己意愿而取悦别人的不健康的行为和认知模式，往往形成于一个人的童年时期。尽管它在严重程度上达不到人格障碍的地步，也不属于精神疾病的范畴，但这种心理问题有可能毁掉一个人的一生。

讨好型人格通常表现为以下特征：

① 敏感和压抑。这两个词分别体现了具有讨好型人格的人对待外界和自己的态度：对外部环境敏感，对自己压抑。

由于敏感的性格特点，他们极度在意别人对自己的评价，时刻关注着周围环境的细小变化，生怕因为自己不小心的失误而引起别人的不开心或气氛的不和谐。因此，他们无时无刻不在接收着大量的非必要信息，而在面对和处理这些信息时，他们又不敢真实地表达自己的看法，经常选择顺从别人的意见和决定，把自己伪装成别人喜欢的样子。他们总是试图用压抑和牺牲自己的方式避免与周围环境发生任何冲突，在不敢对外界提出要求的同时也不愿意拒绝外界的要求，颇有点"尽自己之全力，结周边之欢心"的"大度"。

我们本文的主角小倩在敏锐地发现同事们可能会因为自己不请客吃饭而不高兴的时候，及时提出了放弃自己的利益来满足大家的解决方案，将一场不愉快扼杀在萌芽之中。但这显然不是解决问题的办法，小倩的压抑换来的只能是同事们的得寸进尺和自己的遍体鳞伤。

②缺乏原则和底线。讨好型人格的人做事缺乏原则，做人缺乏底线。他们在人际交往过程中，永远是一副被动讨好的姿态，对别人的事义无反顾、无条件地付出，对自己的事却畏首畏尾、瞻前顾后。他们做人也是如此，守不住自己的底线，他们通常不会得到同情和支持，反而会成为周围人的笑柄，似乎任何人都可以随时闯入他们的心理禁区去发泄一番，然后再潇洒地离开。

"忠于彼此"应该是情侣之间交往的基本底线，但具有讨好型人格特点的小倩在发现男朋友背叛自己的时候，竟选择无条件地原谅他。即便男朋友以让人无法接受的借口来搪塞小倩，小倩也没有追究，而是默默承受了这些伤害，并期盼男朋友回心转意。

③ 只知付出，不图回报。讨好型人格的人通常都很善良，而且脾气很好，常常会不计成本地帮助他人，是出名的"老好人"。而且，他们在付出的同时还不渴望得到对方的回报，经常被别人对自己的一点儿反馈感动得一塌糊涂。

这种情况是不是有点像"恋爱脑"呢？"恋爱脑"的人不正是因为太在乎对方，所以才会在恋爱过程中做出一些失去自我、一味单方面投入的行为嘛？"恋爱脑"的人在恋爱中总是做出自我牺牲式的付出，想尽办法满足对方的一切需求。尽管在旁人眼中，他们爱得很卑微，甚至有些让人心疼，但他们自己乐在其中，无法自拔。究其原因，"恋爱脑"在本质上就是讨好型人格的一种外在表现。

小倩就是这么一位妥妥的"恋爱脑"女孩，她能够清楚地记得男朋友喜欢的篮球鞋，能够为了照顾男朋友而主动搬进他的住所。哪怕男朋友自始至终都没有给自己一个承诺，她也在持续不断地付出，可想而知，她在这场感情里面该是多么卑微。

具有讨好型人格的人通常会活得很累，因为他们总是要勉强自己去迎合他人。尽管他们心中也有很多想法，但总会为了迎合别人而违背自己的意愿。他们希望通过自己的付出让所有人喜欢自己，但是连自己都不喜欢的人怎么能获得别人的喜欢呢？于是，他们很容易就陷入了"讨好—得不到回报—更努力地讨好—身心憔悴"的恶性循环。

如果我们仔细观察身边那些具有讨好型人格特点的人，就不难发现，尽管他们呈现出来的都是以放弃自我和取悦他人为特点的表面现象，但深层次的动机各有不同。主要分为以下三种：

思维主导型

这一类型人群讨好他人的内在动机是错误的定势思维。他们坚定地认为应该让周围每个人都喜欢上自己，一旦没有得到大众的普遍认可，他们就坚信一定是自己在某些方面出了问题。为了达到取悦众人的目的，他们会把更为严格的规范和近乎完美的期待强加给自己。

行为主导型

这一类型的人讨好他人的内在动机是错误的行为习惯。他们习惯性地不拒绝他人的要求，哪怕这个要求并不合理，或者超出了自己的能力范围，他们也会习惯性地先答应下来，然后即便疲于应对，他们也会竭尽全力地完成，比做自己的事都上心。

情感主导型

这一类型人群讨好他人的内在动机是错误的情感需求。他们害怕外部环境的冲突给自己带来不安，所以总是把自己情感稳定性的主动权交给外部环境。久而久之，为了把与周围人发生冲突的风险降至最低，他们变得胆小懦弱，不敢发表自己的意见，最终把自己变成了他人的附庸。

对于绝大部分具有讨好型人格特质的人来说，思维、行为、情感这三个因素之间的关系就像三角形的内角和，其中某一个角大一些，就意味着其他两个角的和要小一些。三者牵一发而动全身，在这三个因素中，总有一个因素对个体讨好型人格的形成发挥了主要作用。

如果你是一位和小倩一样的具有讨好型人格特点的人，也想改变，那么可以参考以下方法。

① 无条件地爱自己。无条件的爱，是相对于有条件的爱而言的，而有条件的爱在人本主义理论里属于建立在他人评价基础上的价值条件。按照这个理论，刚出生的婴儿是没有自我概念的，只有当他与周围的环境发生相互作用后，他才逐渐学会把自己和外界区分开，这个区分的过程就是自我概念形成的过程。当自我的概念形成后，他就会对那些在自己与周围环境相互作用中产生的经验进行评估，从而做出选择：追求那些让自己快乐的经验，回避那些让自己痛苦的经验。

而在所有让自己快乐的经验中，有一种是受到他人认可的快乐体验，而自己是否能感受到这种受到他人认可的快乐体验又完全取决于他人。只有当自己的言行符合他人的要求时，他人才会给予认可，所以说他人的这种认可是有条件的，这些条件往往代表他人和社会的价值观，人本主义学派将这种条件称为价值条件。

我们为了追求这种被认可带来的快乐，就会不断地通过改变自己的言行去迎合他人和社会的价值观，从而在潜移默化中将那些本来属于他人和社会的价值观内化成自我概念的一部分。这也是部分人对别人的评价特别敏感的理论基础。

举个例子来说明一下这个相对复杂的过程。我们早期的快乐主要来自吃喝玩乐这种经验，但在成长的过程中，为了追求被他人认可所带来的快乐体验，就不得不通过"满足他人的要求"这种方式来获得他人的认可，因此"满足他人的要求"就逐渐地成了价值条件，成为我们自我概念中新的一部分。久而久之，我们就会被迫放弃那些以原本自我为标准的自我评价，转而变成以新内化的那部分标准去评价自我。于是，快乐的获得由"吃喝玩乐"变成了"满足他人的要求"。

无条件地爱自己就是要摆脱价值条件的束缚，接纳一个不完美的自己，让自己的行为遵循自己内心的感受，而不是让自己成为他人的"傀儡"。

②学会拒绝别人。帮助别人能够体现出一个人的品质，而拒绝别人能够体现出一个人的自信。讨好型人格的人需要不断强化一个"自己同样很重要"的观念，在对待别人提出的那些不合理或不符合自身利益的要求时，就应该大胆地说"不"，而不是只顾满足别人而放弃自我。

当对方向你提出过分要求时，你可以尝试适当推迟回复的时间。这么做有两个目的，一是可以留给自己更多的时间来权衡利弊，二是留给对方时间来反思这个要求是否合理。

如果你不会组织拒绝的语言，那么可以套用以下这个万能公式：道歉＋自己忙于其他事＋客观条件限制。假如小倩的同事再要求她请客吃饭，小倩就可以大大方方地说："真是对不起，我今晚要回家写报告，明天一早经理要用。"多用几次，同事也就不再"招惹"小倩了。

③ 就算你真的想快速和另一个人搞好关系，那么最简单的办法也不是去讨好对方，而是适当地示弱。示弱在很多人眼里是一种无能和窝囊的表现，所以他们在遇到困难时宁愿逞强死扛，也不愿意主动寻求别人的帮助。实际上恰恰相反，适当地示弱更能彰显出一个人的真实和自信。

示弱的过程本质上就是一个自我暴露缺点和无知的过程，哪怕你不是真的弱，这种坦荡的态度很容易让对方感觉到你的真诚和勇敢，对方也更愿意和你做朋友。其实，人们更倾向于对示弱的自己做出负面消极的评价，而对示弱的他人做出正面积极的评价，这在心理学上被称为"美丽困境效应"。

现在回想一下，之前遇到向你寻求帮助的朋友时，你内心是觉得这个朋友很无能呢，还是感觉他很坦诚呢？我想大概是后者吧。其实，人与人之间的关系就是在一次一次的互相麻烦中逐渐亲密起来的，所以如果你真的想"讨好"一个人，就从让他帮你一个小忙开始吧！

14

放不下的手机，戒不掉的网瘾

游戏障碍

2019 年，世界卫生组织正式把沉迷于网络游戏或电视游戏、妨碍日常生活的游戏成瘾认定为新的精神疾病。游戏成瘾作为成瘾行为所致障碍的一种，正式列入了《国际疾病分类》。至此，"网瘾是不是精神疾病"这一饱受争议的话题终于尘埃落定。

所谓游戏障碍，就是一种以失控性游戏行为和社会功能损害为主要表现的行为模式。

正在读高二的东东是一名游戏障碍患者，每天将近 15 个小时的游戏时间几乎占据了他生活的全部。在近 1 年多的时间里，东东不上学、不出门、不洗澡、不理发，更不和别人说话，饿了就叫外卖，困了就趴在桌子上休息。只要有人阻止东东上网，他就发脾气，还以自杀进行威胁。家人只要提到和上学有关的事，他就表现出一副身上各种难受的样子，但他也从来不去医院就诊，只要能玩游戏，什么难受就都好了。

我没有见过东东，因为东东拒绝来医院，拒绝承认自己有问题。我只能从东东父母的描述中"脑补"出东东的日常生活状态：在一间灯光昏暗的卧室里，一个蓬头垢面、戴着眼镜的少年佝偻着身子，聚精会神地盯着电脑屏幕，床上是凌乱的脏被子和旧衣服，地板上是各种外卖盒，房间里充斥着从游戏里传出的阵阵喊杀声，房间外是满面愁容的父母。

近些年，媒体时不时地会有关于青少年因沉迷网络游戏而退学的报道。与此同时，也有一些网瘾少年在被家长强制送到非法戒网瘾机构后被虐待，我们在谴责这些家长无知的同时，也应该体谅他们的不易：家长们对这些网瘾少年是真的没有办法。网络游戏一时间成了许多家长眼中的洪水猛兽，成了让他们的孩子变坏的罪魁祸首，一些家长们甚至组织起来要起诉网络游戏公司。

网络游戏的好坏利弊不是本书要讨论的重点。我们不妨大胆假设一下：如果没有网络游戏，那些青少年就能安心学习吗？依我看未必，在几十年前网络没有普及的情况下，青少年根本无法接触到网络游戏，但他们一样会沉迷于打台球、泡录像厅或看武侠小说。如果这还不能说明问题，我们不妨让时间再后退一些，就算穿越到清朝，那些提笼架鸟的纨绔子弟也是不可能乖乖学习"四书五经"的。

所以，"网瘾"这个词应该分开来理解，"网"只是一个时代的产物，不同时代有不同形式的"网"，但"瘾"的性质是不变的。网瘾与毒瘾、酒瘾等其他成瘾行为的机制一样，与脑内多巴胺的释放有关。多巴胺被科学家称为"快乐激素"，会让人产生欣快感和满足感。大脑在感受到欣快刺激的同时也会发送"奖赏"信号，通过对刺激进行强化来促使更多的多巴胺分泌，这一过程被称为"奖赏效应"。相对于成人，青少年的大脑在接受欣快刺激后更容易释放多巴胺，因此青少年更容易出现"奖赏效应"，也更容易形成游戏成瘾。

以上是从生理角度解释青少年的"网络成瘾"行为形成的过程，如果从发展心理学的角度分析，网瘾少年深层次的心理问题与延迟满足密切相关。

延迟满足是指个体为了长远的更大的利益而放弃即时满足的一种心理学现象。斯坦福大学的米歇尔教授曾针对延迟满足现象做过一个经典的"棉花糖试验"，试验中的小朋友每人都会得到一块棉花糖，他们可以选择马上吃掉，但是如果能够等待一段时间再吃掉，就可以得到两块棉花糖。试验人员记录下这些小朋友的选择，若干年后再次联系到他们，结果发现那些当年选择等待的小朋友比那些没有选择等待的小朋友更加优秀。这个试验充分说明了延迟满足对于个人发展的重要性。

顺着这个思路走下去，我们就不难理解东东因迷恋网络游戏而放弃学业的原因了。网络游戏带给东东的是即时满足，玩十分钟的游戏就能收获十分钟的快乐，累计玩一个月游戏的玩家的游戏级别必然比玩十分钟的玩家高，就算在一次游戏中出现了挫败感，也可以很快地从下一局游戏中"扳"回来。简单来说，游戏的魅力就在于投入和产出几乎成正比，只要投入了时间和精力，就一定会从游戏中得到等价的快乐，投入越多，则收获越多，反之亦然。

而学习这件事情，与游戏恰恰相反。就算你努力学习了一整个学期，期末考试还是有可能出现成绩下滑的情况，你不仅得不到满足，反而增加了痛苦。但如果你能坚持下去，通过十年寒窗换来的金榜题名是可以让你终身受益的，这种高级的满足感是游戏无法给予的。

同样是满足感，其实是有低级和高级之分的，低级的满足感通过放纵即可简单获得，比如，喝酒和逛街。而高级的满足感需要自律才能艰难获得，比如，读书和健身。低级的满足感在获得后往往伴随着空虚，而高级满足感在获得后却能回味无穷。比如，你在酩酊大醉后一觉醒来，喝酒时的高谈阔论已无人关注，只留下疲惫的身躯，你是否会感觉到空虚和寂寞呢？能取得成就的人通常善于控制低级的满足感，并努力追求高级的满足感，而延迟满足困难的人往往只看到眼前的蝇头小利，追求即刻的快感，而放弃长远的更大收获，"今朝有酒今朝醉"就是这部分人的座右铭。

网瘾少年见得多了，我就经常会想一个问题，假如我们把学习转换成一种游戏，学生学习10分钟就转换为相应的玩家等级，让学生及时看到排名的提高，那么大部分学生可能会喜欢上学习这件事吧。但遗憾的是，学习不是游戏，学习成绩提高的过程经常伴随着痛苦和忍耐，需要长期的自律，而这正是延迟满足困难者所不能接受的。

说到这，你有没有觉得健身这件事也跟学习差不多呢？就像每个人都羡慕"学霸"的考试成绩一样，几乎每个人也都羡慕长在别人身上的"马甲线"和八块腹肌。但扪心自问一下，自己花钱办的健身卡，是不是直到过期也没有用过几次呢？是不是每次面对美食诱惑的时候都能找到妥协的理由呢？

小到个人的发展，大到社会的建设，其实都是一个延迟满足的过程，比如，我国现在每年都会有几个月的休渔期，这段时间内禁止捕捞活动，目的就是给鱼类留出足够的繁殖和生长时间。如果不加限制，放任渔民随意捕捞，那么捕捞上来的鱼就会越来越小、越来越少。这几个月的休渔期其实就是满足的延迟期，只有做到延迟满足，才能保证可持续发展。

综上所述，我们可以得出一个结论：即时满足是容易获得的，是短暂的，是低级的；而延迟满足是通过长时间的自律获得的，是影响深远的，是高级的。

根据精神分析学派创始人弗洛伊德的人格结构理论，人格结构由"本我""自我"和"超我"三个部分组成。"本我"是原始的我，包含一切本能冲动和原始欲望，它始终遵循"快乐原则"，不受一切道德和规则的约束。"超我"是道德化的我，是通化内化道德规范和社会文明形成的，主要作用是约束自己的行为，它的特点是追求完美，始终遵循"道德原则"。"自我"是现实中的我，既要满足"本我"欲望的释放，又要被"超我"的道德原则所约束，始终遵循"现实原则"，因此"自我"可以理解为"本我"和"超我"在冲突下的产物。

利用好"本我"和"超我"来实现"自我"，是教育的最终目的。比如，面对一位具有暴力倾向、以打架为乐的小朋友，我们与其放任他自生自灭，倒不如把他训练成一名散打运动员，让他在规则的限制下释放原始冲动，这样既能让他找到自己的价值，又可减少社会上的不稳定因素。我们经常说的"天分"其实很大程度上就包含于"本我"之中。

结合弗洛伊德的人格结构理论来分析东东，"本我"是通过网络游戏得到快乐，"超我"是拒绝网络游戏、努力学习，而"自我"是在不耽误学业的情况下适度玩网络游戏。从中我们不难发现："本我"代表人性，追求即时满足；"超我"代表自律，追求延迟满足；"自我"代表妥协，追求在"超我"的限制内选择适当的方式满足"本我"的需求。

"本我"的力量是非常强大的，是个体内在驱动力的来源，它包含的原始的非理性的欲望和冲动往往是个体无法摆脱的，所以完全战胜"本我"是极其困难的，因为这是一个反人性的过程。

"超我"是可望而不可即的，盲目追求"超我"也是没有必要的。现实中的我们，无时无刻不在向现实妥协，我们大部分人生活的追求还是在不违反法律和道德的前提下获得物质和精神层面的满足。如果一味地按照"圣人"的标准来要求自己，很可能体会不到生活的乐趣，最终必将走向另一个极端。所以，我告诉东东的母亲："玩游戏没有错，他玩的那款游戏我也很喜欢，把东东带过来，我要跟他请教一些问题。"从东东母亲惊讶的表情中，我可以感觉到她对我说的话十分怀疑，但是我相信东东能够过来，因为东东现在缺少的是理解和共情。

果然，在几天后的一个风和日丽的中午，东东睡眼惺忪地坐在了我的对面，十分憔悴，一副大病初愈的样子。

"大夫，这孩子几个月没出门了，今天好不容易出来，你快点给他疏导疏导……"东东的母亲把我当成了最后一根救命稻草。

"你先出去吧，让我和东东单独坐会儿。"说话间，我通过余光敏锐地察觉到东东皱眉的表情。可想而知，母亲平时的说教给东东带来的大多是烦躁和厌恶。

母亲十分不安地离开了诊室，顺手关上了门。我知道她会像大多数焦虑的母亲一样，把耳朵贴在外面的门上偷听我和东东的谈话。

"你说喜欢玩游戏是病吗？如果喜欢玩游戏是病的话，那些喜欢健身和喜欢看书的人也是病人喽？"母亲的暂时离开，果然让东东放松了很多，他竟主动向我提出了问题。其实，通过他今天能来医院的表现，我就基本可以断定东东并不是"无药可救"，他只是缺少理解和引导。

"这个不能一概而论，我们判断一个行为属不属于疾病，除了看它是否影响个体的社会功能，还要看它是否给自己和他人带来痛苦。健身和读书虽然是比网络游戏更健康的活动项目，但如果超出一定范围，比如，因为健身和读书而放弃社交和工作，也算是心理问题，也需要进行干预。"

"可是游戏带给我的是快乐，不是痛苦啊，我喜欢这种感觉，这样就可以说明不是问题了吧？"东东瞬间来了精神，眼睛里也有了光亮。

"短期来看，游戏是会给人带来满足感，我也在玩你玩的这款游戏，你玩得比我好，级别比我高。但是我们把目光放长远一些，几年后这款游戏注定要被淘汰，就像几年前流行的游戏一样，到时候你除了一个登录不上的账号外，什么也留不下。你现在投入的所有成本都会被清零，那时你还会快乐吗？如果你能利用这几年掌握一项技能，看似失去了短期的快乐，换来的却是一生的受用。"

"不对，你说的不对，一些游戏都成了世界级的比赛项目，还有很多职业电竞选手，他们不需要学历，一样能成为世界冠军，这种把兴趣和工作合二为一的生活方式难道不'香'吗？"东东仍在反驳。

"职业电竞选手需要极好的天分，这种工作的惨烈程度绝对可以用'千军万马过独木桥'来形容，你觉得你会是那个幸运儿吗？"

"可是勤能补拙啊！我喜欢玩游戏，游戏带给了我激情，我愿意为了游戏努力，谁年轻时没有疯狂过？这难道不是青春该有的样子吗？"很明显，东东对努力和青春存在着错误的认知。

"你现在之所以会体验到游戏的快乐，是因为你是在没有任务和考核的情况下去玩。而职业电竞选手每天要进行大量重复、枯燥的专项训练，还会被分配考核任务，要在一段时间内完成既定的目标。每一个游戏都有一个流行周期，如果你在这个周期里出不了成绩，那么你就会伴随着游戏的淘汰而被淘汰，然后再重新开始接触一个新游戏，出不了成绩再被淘汰，如此循环往复，你或许永无出头之日，也挣不到任何奖金。试问，你每天带着压力去玩游戏，你还会快乐吗？"

东东终于不再"狡辩"，若有所思地低下了头。

东东存在的最大的认知错误就是只看到经过某种筛选后而产生的结果，忽略了在筛选过程中那些被筛选掉的关键信息，心理学上把这种现象称为"幸存者偏差"。

第二次世界大战时期，美军试图以作战后返回飞机上的弹痕位置为参考来加强战机的防护，许多人提出要按照机身上哪里的弹痕多就加强哪里的原则进行有针对性的改装。但统计学家瓦尔德教授坚决反对这个方案，他提出，应该加强机身上弹痕少甚至没有弹痕的位置的防护，因为统计样本针对的是那些能够返回的战机，机身某些位置上的弹痕较多，恰恰说明了这些位置虽被多次击中，但仍不影响战机的安全返回，所以无须加强这些位置的防护，反而应该加强那些弹痕少甚至没有弹痕的位置的防护，因为这些地方一旦被击中，战机可能就无法返回。实践证明，瓦尔德教授是对的，那些看不见弹痕的位置才是战机最脆弱的地方，这就是"幸存者偏差"现象的由来。

其实，东东什么道理都明白，一味地说教会适得其反，倒不如抛给他一个问题，引导他去积极思考。但是，如何让东东接住你抛给他的问题就需要一些技术含量了，细心的读者可能已经发现了其中的奥秘，开始无论如何都不肯来医院的东东是被我用"请教游戏"的幌子"诱骗"而来的。许多家长不明白一个道理：当孩子不愿意与你交流的时候，就算你说的话再正确，也是没有用的。所以，要想让孩子听你的话，首先要做的就是建立好与孩子沟通的渠道，找到双方能一起探讨的共同话题，先让孩子听你说，然后再想办法让孩子按照你说的去做。

青少年属于罹患游戏障碍这一心理问题的高危人群。而青少年时期又是人一生中身心发育逐渐趋向成熟的重要转折时期，每一个决定都有可能对以后人生的发展产生深远的影响。临床咨询中，后悔当初没有认真读书的成年人比比皆是，他们大多在离开校园后才幡然醒悟，但为时晚矣。正应了那句话："人生最大的遗憾，是无法同时拥有青春和对青春的感受。"

为了帮助东东摆脱网瘾，我和东东一起设置了延迟满足计划。我们约定，每天玩游戏之前都要有半小时的延迟期，在这半小时内东东可以运动，可以看书，可以做任何玩网络游戏之外的事。一段时间后，延迟期延长至一小时、两小时、三小时……

同时，我也单独告知东东的母亲，延迟满足的重点是满足的延迟，而不是满足的取消，不要期望东东在短时间内有质的飞跃，做好打持久战的思想准备。在东东按约定完成延迟任务后，不仅要同意东东玩游戏，而且要给予即时的表扬，认可东东的小进步，以鼓励东东继续进行自我控制。另外，游戏外其他的基本物质满足不需要延迟：饿了就要尽快吃饭，渴了就要尽快喝水。

过了两个月，东东和母亲依照约定再次来到诊室。

东东的母亲刚一坐定就兴奋地告诉我，东东这段时间已经发生了很大的转变：尽管学习成绩依然落后，但现在已经能够去学校了；尽管回家后还是要玩手机，但已不再像之前那般沉迷了。

东东母亲跟我说这话的时候，我也偷偷观察了一下坐在旁边的东东，他整个人的精神状态确实要比上次我们见面时好了许多，眼神中也多少透出了一些属于这个年龄段的青少年特有的灵气。最让我感到欣慰的是，他已经不再排斥与母亲交流，也不再对母亲的"唠叨"感到厌烦。

"大夫，真的谢谢你。"东东略带羞涩地低下了头。

"不用谢我，最应该感谢的是你自己和你的母亲。"我对着东东使劲点了点头。

在东东和他母亲离开后，我习惯性地对这个案例进行了总结，对如何帮助青少年摆脱网瘾也有了一些新的感悟。

我们在思考青少年网络成瘾的原因时，或许过分强调了家长的示范作用。我们总是以为孩子之所以会陷入玩手机和网络游戏的泥潭，是因为他们模仿和学习了家长的行为，似乎只要家长在孩子面前能够放下手机，拿起书本，孩子就会远离手机，并努力学习。

其实，手机和网络几乎成了现代人的生活必需品，许多日常工作都需要借助手机来完成，离开智能手机的生活可能是无法想象的。我们暂且假设有这么一些极度自律的家长，他们能够在孩子面前忍住不使用手机，那么他们的孩子是否就不会出现网络成瘾呢？

依我看，未必。因为孩子的生活环境不是只有家庭，还有社会和学校，纵使家长不玩手机，难道全社会的人都不玩手机吗？家长能够为了让孩子远离手机而不让他们接触社会吗？这显然是不现实的。所以，当孩子看到其他同学玩手机游戏的时候，他一样会去模仿，一样会去尝试。

因此，那些试图仅仅通过改变家长的行为模式来帮助青少年摆脱网瘾的做法往往收不到理想的效果，可能还会加重他们的叛逆情绪。而培养青少年延迟满足的能力似乎是一种循序渐进且两全其美的好办法，既能让他们体验到游戏的快乐，又不至于玩物丧志，更重要的是让他们明白自己暂时的等待是非常有价值的。

15

消失的"条形码"

青少年非自杀性自伤

如果不是家长告知，我一定不会想到坐在我面前的这位名叫仙仙的清秀女孩会有严重的自残行为。仙仙的妈妈反映，仙仙从小听话懂事、品学兼优，是名副其实的"别人家的孩子"。但自从一年前升入重点高中后，仙仙就像变了一个人一样，放学后总是喜欢一个人待在房间里，不让别人进入，与父母的交流也越来越少，还经常无缘无故地冲父母发脾气，随意摔打东西，学习成绩也一落千丈，开始出现厌学和逃课现象。

当仙仙的家长跟我说这些情况的时候，仙仙一言不发地低着头，表情呆滞地坐在一边，就像说的内容与自己无关一样。

"你倒是快跟大夫说说啊！你哪里不舒服？怎么难受了？快说啊！"仙仙妈妈在旁边用歇斯底里的语气向仙仙吼道。

"大夫，你快看看吧，她在家就是这个样子，总是不说话，跟谁都这样，我们也不知道怎么办了，真是让她急死了。"看到仙仙不搭理自己，妈妈又开始向我倒起了苦水。

…………

"你们快出去吧，我自己跟大夫说。"沉默了差不多两分钟，仙仙这才说出了进入诊室的第一句话。

父母出了诊室，仙仙仍然一言不发，低着头不知道在想什么。

"有什么能够帮助你？"我试图打破僵局。

"哎，难受。"仙仙有气无力地说，摆出一副无所谓的样子。

"怎么难受了？能不能具体说说？"虽然我知道这是在明知

故问，但我仍心存一丝侥幸，幻想着眼前这个小姑娘能主动跟我说说她的故事。

"没法说，我也不知道，就是想死，活着难受。"仙仙流下几滴眼泪，并伸出了胳膊，向我展示她自己用锐器在胳膊上割出的一条条伤痕。

"嗯，还好，伤口都不算深，大部分也已经结痂了。"这个场景对我来说并不陌生，在青少年的咨询门诊中，我几乎每天都会遇到这种有自残行为的"熊孩子"。但让我感到有点意外的是，仙仙的伤痕确实比较多，那些伤痕密密麻麻地排列在她的胳膊上，就像印在商品外包装上的条形码。

"你为什么要割伤自己呢？"我问道。

"我难受。"仙仙回答道。

"那怎么做能让你不难受呢？"我继续询问。

"大夫，我不知道，没法说，就是难受。"仙仙一再强调自己难受，一副很委屈的样子。

"嗯，我知道了，谢谢你的配合。"我已经预料到，不论我后面再如何追问，仙仙也只能说这么多了，"难受""不知道"和"没法说"就是她能告诉我的全部信息了，剩下的就交给我这个心理医生去"猜"了。

要想帮助仙仙，就要先搞清楚两个问题：

① 仙仙真的想死吗？

② 仙仙真的难受吗？

首先我可以肯定地回答第一个问题：仙仙并不是真的想死。

像仙仙这种智力正常的青少年如果一心想死，仅仅依靠家人的力量是很难阻止的，除非把她关进封闭式的精神专科病房或者一些特殊场所。那么问题来了，既然仙仙不想死，为什么还要割自己的手臂呢？这就是我们本节要讨论的主题：非自杀性自伤（non-suicidal self-injury, NSSI）。

NSSI 是指在没有自杀意图的情况下，个体以不被社会认可的方式故意破坏自己身体组织的行为。自伤的方式也是多种多样的，如：切割、烧灼、撞墙等。值得特别注意的是，尽管 NSSI 与自杀行为之间存在本质的区别，但 NSSI 与自杀高度相关，研究发现，在出现过自杀观念的青少年中，超过 70% 的青少年曾有过 NSSI 行为。换句话说，伴有 NSSI 行为的青少年自杀的风险较大。

伴有 NSSI 行为的青少年出现的自杀观念是短暂的、不持续的、不坚定的。他们并不是真的一心求死，他们的内心其实是害怕和拒绝死亡的。当他们真正面对死亡的时候，他们会表现出对生命的无比留恋。例如，他们会在割伤自己后主动告知父母，让父母带自己尽快去医院包扎伤口；他们会在遇到车祸等意外后主动寻求帮助；他们也会在出现消极悲观情绪的时候主动到心理门诊就诊。用"叶公好龙"这个成语来形容他们对死亡的态度是再恰当不过的了。

而我更愿意用这样的一句话来描述他们内心的纠结：在生命长河的两岸，一边是放纵的自残自伤，另一边是对生命的无比敬畏，他们就像是河中的一叶孤舟，左右漂荡，无法靠岸。

再来看第二个问题：仙仙真的难受吗？

"我每天都感觉自己在崩溃的边缘，我不知道自己做错了什么，也不知道应该怎么做，只有流血才能让我获得短暂的平静。"

"我就是要死，我看谁能管得了！"

"根据达尔文的生物进化论：物竞天择，适者生存。我就是那种不适合生存的，与其难受地活着，为什么不能让我安静地去死？"

"身体是我的，我怎么舒服就怎么做，不需要别人管我。"

"我每天都生活在悬崖的边缘，而这个边缘的尽头是另一个悬崖，这就是个循环，只有死亡才是最好的解脱。"

"没有人理解我的伤悲，就像白天不懂夜的黑。"

以上都是像仙仙这种有 NSSI 行为的青少年对我说过的话。

"他现在不愁吃不愁喝，我们也不要求他学习成绩多么好，他到底难受什么？"

"现在连学也不上了，天天在家闲着，我们都不知道他想干啥。"

"他能比我加班挣钱还难受？"

"去医院检查了好几次，都说没有病，我看他就是装的。"

以上都是像仙仙这种有 NSSI 行为的青少年的家长对我说过的话。

两相对照下，我相信仙仙的"难受"是真实存在的，而且这种"难受"是不能被现代医学仪器检查出来的，也是不被家人所理解的。那么，自伤和难受又是如何产生关系的呢？为什么难受的时候非要选择自伤呢？

如果我们把"难受"比作一种病的话，那么"自伤"就是治疗这种病的药。仙仙的"病"之所以不能被医学仪器检查出来，就是因为这种"难受"不是一种器质性病变，而是一种功能性紊乱，是一种看不见、摸不到的客观存在，心理学家把它叫作"不良情绪"。

仙仙用锐器割伤自己的行为，本质上就是在发泄自己的不良情绪，表达自己的内心痛苦，并借此来引起别人对自己的关注。如果有一种机器能扫描出仙仙胳膊上"条形码"的信息，那显示出来的结果一定是三个字：不满意。

对自己的不满意

临床中有一个有趣的现象，许多像仙仙这种刚脱离旧环境、进入新环境的青少年容易出现 NSSI 行为。许多家长会简单地认为孩子的问题是适应不良导致的，过一阵子等他对环境熟悉了就会好的。这个观点只说对了一半，孩子不是适应不了新环境，而是适应不了自己不满意的新环境。

还是以仙仙为例，仙仙在上小学和初中的时候学习成绩总是名列前茅，是别人羡慕的对象。升入高中后，仙仙感到学习有点吃力，考试成绩也开始逐渐下滑，自己也从以前的"焦点"变为了现在的"路人"，这种心理上的落差是仙仙不适应的。不甘心的仙仙给自己制订了一个个学习上的"小目标"，但在经历过几次挫败后，仙仙开始放弃努力，回避这些问题。与此同时，她的内心却始终不愿意接受一个失败的自己，因此不良情绪产生了：既不满意现状，又没有办法改变。这种冲突无时无刻不缠绕着仙仙，让她抓狂、烦躁，内心纵有千万种滋味，也无以言表。

青少年时期是 NSSI 的好发阶段，处于特殊年龄阶段的青少年自尊心较强、喜欢攀比、性格比较敏感，过分在意别人对自己的看法，语言表达能力有限。他们除了喜欢给自己的学业设置目标，还会无意地给自己在其他方面也设置目标。例如，要获得某位异性同学的喜欢，要达到某种社交目的，等等。一旦在这些过程中出现了自己无法克服的困难，他们就容易出现不良情绪，如果这些不良情绪不能及时得到发泄，就会出现 NSSI 行为。

对生活环境的不满意

许多有 NSSI 行为的青少年有过被虐待或者被霸凌的经历，

还有部分青少年经历过父母离异和家庭矛盾，甚至有些女孩还遭受过性侵犯。成长过程中经历过这些创伤的青少年会变得自卑，缺乏存在感和安全感。

还记得在电视上看到过一个外国小男孩接受记者采访的场景：男孩刚刚在战争中失去了家人，稚嫩的脸庞上时不时地流露出紧张的表情，周围发生一点异响都会警觉地抬头四处张望，男孩在回答记者问题的时候也小心翼翼，生怕哪里说错。男孩这种行为和表情就是恶劣的周围环境导致的不安全感的典型表现。以此类推，那些经常被虐待或见到父母争吵的青少年也会存在类似的感受。虽然父母争吵与遭遇战争在严重程度上不可同日而语，但由于青少年的认知尚不健全，存在"非对即错"的思维模式，他们会不加分辨地将这些事情统统划入负性生活事件中去，无形中增加了他们对周围环境的不信任感。

自信是既爱自己，也爱别人；自负是只爱自己，不爱别人；而自卑则是只爱别人，不爱自己。经历过虐待等创伤的青少年往往容易对自身产生较低的评价，容易形成惩罚自己的不良习惯，他们不想甚至不敢去惩罚别人，只能把悲伤留给自己。他们也希望改变自己的生活环境，但又无能为力，一次次的挣扎和碰撞换来的是一次次的拒绝和冷漠，这让他们感到自己无比卑微，卑微到连呼吸都是一种罪过，卑微到经常会忽略自己的存在。

"当血流下的时候，我才知道我还活着。当我感觉到疼的时候，我才知道我还有感觉。"很难相信，这种话竟然是从一个花季少女嘴里说出的。更难相信的是，她几乎每天都要经受这样的精神折磨。

"人都会有不良情绪，这是可以理解的，但当你情绪不好的时候，你为什么不能换一种别的方式发泄呢？比如，运动和唱歌。"我尝试着与仙仙进一步沟通。

"我也不知道为什么，这个感觉怎么说呢？就像一件特别讨厌的事让你抓狂，但你又无能为力，只能拼命地抓头发一样。"仙仙的这个看似不经意的回答引起了我的深度思考。

缺乏存在感和安全感的孩子默默承受了太多他们这个年龄段不应该承受的不良情绪，当这种不良情绪积攒到一定程度的时候，就会像火山一样爆发，于是自伤就成为他们对环境宣战的武器，成为他们发泄愤怒的手段，成为他们呐喊的语言，成为他们证明自己存在的标志……所有的这些，归根到底都是他们面对不良情绪无可奈何的一种表现。

明白了仙仙胳膊上"条形码"表达的内容，我们就可以有的放矢地进行干预了。在这个过程中，家长的作用至关重要，再优秀的心理医生也无法代替家长在孩子心中的位置，因为只有家长才是孩子最亲密的人。

家长首先应该学会耐心倾听仙仙的诉求和她面对的困境，尽自己最大能力去帮助仙仙解决具体问题，但切记，不要满足仙仙的无理要求，也不要用诸如"你这点问题算什么啊，你看爸爸妈妈每天上班多辛苦"这种卖惨式话语"安慰"仙仙。这种行为只会让仙仙觉得自己的事情在家长那里是无关紧要的，她也会因此而关闭继续与家长沟通的大门，使用更隐蔽、更严重的 NSSI 行为表达不满意。如果家长的能力确实有限，在任何方面都无法给仙仙提供帮助，那么认真做一个合格的倾听者，不指责、不抱怨，一直陪伴在她身边也是很好的选择。其实，很多时候，家长说出的道理孩子都懂，他们需要的仅仅是来自家长的真诚的陪伴和支持。

　　根据心理学中的行为主义理论，许多不良行为之所以会成为习惯，根本原因就是负强化的作用。所谓负强化，就是个体的某个行为导致了消极刺激减少，从而使该行为的发生频率增加。就像仙仙通过自伤来缓解精神痛苦一样，自伤行为使精神痛苦这种消极刺激减少，从而使自伤这种行为发生频率增加，并逐渐形成习惯。

　　仙仙要改变这种坏习惯，有效的办法就是用一种新的，并且能起到负强化作用的行为来代替自伤这种旧行为。体育运动就是符合这些特征的一种行为。已有研究证实，运动可以增加内啡肽的分泌，起到镇痛的作用。那么，内啡肽是何物呢？正常情况下，人在运动时体内的骨骼及各种器官会产生一些摩擦，这些摩擦就可能带来疼痛，人脑中就会分泌一种叫内啡肽的物质，它的作用类似于吗啡，与阿片类受体结合可以起到镇痛的作用。

仙仙完全可以通过运动来获得与自伤同样的负强化作用，但问题又来了，如何让仙仙把通过运动来缓解精神痛苦的这种行为坚持下去呢？为此，我专门让仙仙的家长和仙仙签了一项"行为契约"。该"契约"规定，仙仙将每月的零用钱交给家长管理，只有在每天完成约定的运动量并不出现自伤行为的前提下，仙仙才能领取到一定量的零用钱；而如果仙仙完不成约定，零用钱将被扣除。

其实，不仅是针对自伤行为，这种"以新代旧"和"行为契约"的方式适用于绝大多数坏习惯的纠正。

一个平常的早晨，我收到了一封署名为"奔跑的蜗牛"的信件。我好奇地打开信封，只见从里面掉出来一张照片：那是一个阳光灿烂的午后，一家三口在马拉松比赛现场，幸福地在镜头前摆着剪刀手……此时的我注意到，站在中间的那个穿短袖运动服、满面笑容的阳光女孩正是仙仙。

我怀着激动又期待的心情读起信来。从信中得知，自从上次门诊一别后，仙仙就尝试着按照"行为契约"去纠正自己的行为。虽然她在开始时还是有各种不适应，有时还会偷偷割伤自己，但令人欣慰的是，她每天总能咬着牙坚持完成"契约"中的跑步任务。

在信的字里行间，我感受到这个女孩的努力与坚毅。就像仙仙信中写的那样："经常感觉自己很傻，不知道为什么跑步，也不知道跑了多久，只是感觉向前迈出去的每一步，都是对前一秒自己的超越。跑步让我不再顾及之前已经走过的路，它让我对未来产生了无限期待，也许奇迹就在下一个终点等着我。"

现在的仙仙已经顺利考上大学，性格也变得开朗了许多。而且她已经爱上了跑步这项运动，经常利用假期的时间到其他城市参加马拉松比赛，"奔跑的蜗牛"正是她在马拉松团队里的昵称。

细细想来，当初那个垂头丧气的仙仙和慢吞吞的蜗牛还真有几分相似之处：二者同样敏感脆弱、缺乏安全感，一旦外界环境让自己感觉到不适就会把身体缩进坚硬的外壳。

但即使蜗牛再慢，它若有了目标，便会坚定朝着目标前进。毕竟，谁也不能小觑一只内心向往奔跑的蜗牛一步一步翻越群山、迎接朝阳的决心和勇气。

想到这里，忽然感觉今天的阳光格外温柔，洒在身上，也照耀着这张平凡又不凡的照片，这时我才发现，仙仙手臂上代表着不堪过去的"条形码"已然消失了。

夏天来了，热烈的阳光将这个世界照耀得格外明亮。

16

生命不能承受之重

青少年慢性心理社会应激

《灯火之下》是一部讲述患有抑郁症的高中生——纯子心路历程的小短片，它采用访谈的方式描述出了部分青少年的生存现状：隐藏在璀璨如灯火般外表之下的是暗淡如阴霾的抑郁。面对镜头的纯子，虽然表情有些迷茫，但在讲述自己的病情时没有丝毫的慌张。

"我感到整个人就是没有活力，什么事情都不想做，不想学习、不想玩手机、不想吃饭、不想喝水、不想上厕所，心情不好就是生活的全部。"

"我感觉很绝望，眼泪都流不出来的那种空洞的绝望。"

"有时候发着发着呆就哭了，然后会哭一两个小时。"

"我真的很难受，我真的活不下去了。"

好端端的一个高中生，怎么就抑郁了呢？在采访纯子的过程中，这种质疑的声音即便在她被确诊后也不绝于耳。

"小姑娘花样年华，有什么活不下去的，去操场跑两圈就好了。"

"别那么矫情。"

"你这么开朗，怎么会抑郁，别想太多，每天开心点不好吗？"

"要我说啊，你们这些说自己有抑郁症的孩子就是博关注。"

面对以上的不理解，纯子说出了压垮自己情绪的"三座大山"：巨大的学业压力、不和谐的家庭氛围和紧张的人际关系。

2021年10月10日是第30个世界精神卫生日，国家卫生健康委员会以"青春之心灵 青春之少年"为主题，聚焦儿童青少年群体，呼吁全社会关注儿童青少年的心理健康。

一项调查显示，我国每 4 个青少年中就有 1 个存在抑郁倾向。专家指出，防止青少年抑郁最好的办法不是关注抑郁本身，而是更广泛地关注是什么原因导致了抑郁。那么，我们就顺着这个思路来探讨一下青少年抑郁的深层次原因。

导致青少年抑郁情绪的原因有很多，短片中的主人公纯子无法承受的"三座大山"从本质上说就属于慢性应激源，这种慢性应激源虽然没有地震或交通事故那么严重，但持续时间长，对青少年的情绪影响也不容小觑。

巨大的学业压力

中学阶段的青少年正处于从儿童到成人的过渡时期，受内分泌激素的影响，他们的情绪经常处于不稳定的状态。在这个关键的时间节点，他们最重要的任务就是学习。面对升学的压力，青少年难免会感觉到不安，情绪也随着考试成绩排名的变化而波动。如果这种压力和不安没有得到有效的排解，就容易导致抑郁情绪。

但有竞争就有排名，学业压力和考试成绩是青少年无法回避的一个现实问题，如果完全不在乎就会丧失学习的动力，太在乎就容易出现焦虑、抑郁情绪。而实际上，完全不在乎自己考试成绩的青少年几乎没有，绝大部分青少年对自己的成绩和排名还是比较在意的，因此，如何看待自己的名次和成绩就成了青少年面临的一个重要问题。在我看来，青少年应该在乎自己的成绩，但是要注意方式方法，正确合理的措施是进行纵向的比较，学会与之前的自己比，哪怕有了一点点进步，都应该感到开心。

不和谐的家庭氛围

不和谐的家庭氛围包括许多情况：家庭关系差、家庭频繁出现变故、对孩子期望过高等。尤其是对孩子期望过高这一情况，似乎已经成了社会上的普遍现象。现在很多青少年是独生子女，父母对孩子有过高的期望也是可以理解的。这种情况下，难免会有父母用高标准、严要求的模式管理孩子，而这种压抑的环境带给孩子的往往是不安全感，父母在给予孩子优越的物质条件的同时也总是容易忽略掉孩子的情感需求。其实，有抑郁情绪的青少年非常渴望有人能走进他们的内心世界，但家庭环境的压抑又让他们害怕遭到家长的批评和不理解，所以只能将郁闷憋在心底。

实际上，许多家庭的不和谐氛围多半是孩子与家长的情感需求不同步造成的：孩子总是在等父母说"对不起"，父母总是在等孩子说"谢谢你"。要解决这个问题，就需要父母与孩子充分沟通和互相理解。但这又谈何容易啊！在门诊咨询中，只要涉及这个相互理解的问题，家长们就会开始抱怨：相互理解真的太难了，我从不奢求孩子能理解大人，因为我自己就很难理解我的孩子，哪怕我站在孩子的立场上，我仍然无法理解孩子的所作所为。

针对这部分家长的抱怨，我一般会使用心理学家霍妮的"应该之暴虐"理论来进行解释。该理论认为当一个人的思想被诸如

"我应该怎样"之类的指令过多影响时，他就会感受到痛苦。这里的"应该"泛指外界对个体的强烈要求，而"暴虐"就是指当个体出现"应该"的想法时对自己的攻击和惩罚。青少年由于在各方面尚无法完全独立，就更容易受到这种理想化的"应该"的折磨。

青少年的"应该"主要指来自家长和老师的训诫和要求，而"暴虐"主要指抑郁、焦虑等不良情绪。当家长出于让孩子少走弯路的目的，告诉孩子"应该"怎样时，殊不知，这些强加于孩子的价值观都有可能变成"暴虐"的诱因。有一段文字把这个现象描述得特别贴切：父亲总想着让儿子走捷径，恨不得把自己半辈子的经验教训灌进儿子的脑子里，但儿子总是对弯路上的风景着迷，非要把父亲当年吃过的亏再"吃"一遍，而且"吃"得津津有味。

诚然，严格要求自己本身是一件值得鼓励的事情，也是实现人生价值的内在动力，但这些本应该对青少年发挥引导作用的"应该"之所以会成为他们对自己"暴虐"的根源，就是因为他们无法将那个理想中"应该"化了的自己与现实中真实的自己统一起来。

比如，许多期望值较高的家长最喜欢对孩子说的话就是"现在什么都不需要你做，你就应该把学习成绩搞好"。"把学习成绩搞好"本没有错，但如果家长过分强调"学习成绩好"这个结果的话，往往会引起孩子的不安，因为对许多孩子来说，"一心只读圣贤书"并非易事，"两耳不闻窗外事"也很难做到。而孩子对外界事物充满了好奇心和探索欲，不甘于被强加于自己的社会规则和行为模式所束缚，所以当这些孩子的脑子里出现不想学习或是考试成绩不好这种"不应该"的念头时，他们就会自责，就会产生抑郁、焦虑情绪，因为这种念头背叛了家长灌输给自己的"应该"的价值准则。而家长在看到孩子没有取得好成绩时的内心想法多半是："我对他这么好，他怎么就不能把学习成绩提上去？"

这就解释了为什么许多家长即使站在孩子的角度，也无法理解孩子的内心世界。因为这部分家长只是将自己的价值观强行抛给孩子，并没有考虑孩子是否接受和消化这些价值观。

很多人会认为，我对你好，你就应该对我好，你就应该按照我的要求来做。现在扪心自问一下，你在与他人的交往过程中，是不是也存在这样错误的认知呢？正是因为这种认知的存在，你才会产生许多的不理解。作为恋人，你不理解为什么你对她百依百顺最后换来的却是无情的分手；作为朋友，你也不理解为什么你对他慷慨相助最后得到的却是残酷的背叛。同理，作为家长，你肯定也不会理解为什么你对孩子付出这么多，最后得到的却是孩子的抑郁、焦虑情绪。

所以，在对方无法认可和内化你输出的价值观时，"应该"换来的就不是对等的"应该"，而是"暴虐"。

我们回到那个老生常谈的问题：家长如何才能做到理解孩

子？一言以蔽之，家长只有先理解孩子的情绪，才能理解孩子的行为。

要避免"暴虐"的产生，核心就是家长要试着把关注点从"把学习成绩搞好"这个结果转移到孩子的情绪上。比如说，如果你的孩子学习成绩优异，且十分乖巧懂事，你肯定会很开心吧。看着自己孩子排名第一的成绩单时，你心里一定乐开了花吧。那么，我想请你先收起你的笑容，把眼光从成绩单转移到孩子的脸上，看看你的孩子脸上有没有笑容，然后问一下孩子："你开心吗？"

亲爱的家长朋友们，从现在开始，你开心与否的标准不应该是成绩单上的名次，也不应该是孩子是否听话懂事，而应该是孩子是否开心。

孩子在考试中取得了好成绩，作为家长一定会很开心，但这个开心的前提一定是好成绩让孩子也感到开心，而不是好成绩这个结果本身。孩子只有在良好的情绪状态下才有可能积极地去接受来自家长的那些"应该"的价值观。

所以，那些平时善于关注孩子情绪的家长，要比那些经常要求孩子"你抓紧先把作业写完"的家长聪明许多。

紧张的人际关系

青少年的人际关系其实相对简单，他们接触最多的除了自己的家人就是老师和同学。但由于青少年处于敏感时期，特别在意自己在他人眼中的形象，也特别在意别人对自己的评价，所以有时候一点风吹草动就可能会导致他们出现情绪上的波动。因此，看似简单的人际关系有时也能成为不良情绪的"导火索"。

许多青少年受到人际关系的困扰，他们想与周围每一个同学都搞好关系，但是又很难做到，经常弄巧成拙，徒增烦恼。对人际关系的在意其实是青少年成长的一个标志，他们一方面试图以一个具有独立人格的个体参与到社交活动中去，一方面又没有足够的能力去应对这些人际关系，这就难免在人际交往中形成矛盾和冲突。在临床咨询工作中，处理此类问题的大体思路就是让青少年淡化人际关系在自己心里的位置，将更多的注意力转移到学习上，待平稳度过青少年这一段特殊的敏感时期后，再回过头来琢磨如何处理人际关系的问题。

慢性应激源对青少年的情绪影响到底有多大呢？科学家曾做过一个有意思的实验，他们将80只幼年大鼠（雄性和雌性各40只）随机分为A、B、C、D四个组，每组包括雄性和雌性各10只，对每组大鼠采取不同的饲养方式，然后统一时间进行行为学实验，实验流程简述如下：

实验中的慢性应激源是指每天对大鼠随机进行两种不同的刺激，这些刺激包括缺氧、寒冷、震荡、束缚、置高和湿笼，用来模拟青少年受到的慢性不良生活事件（如压力大、校园暴力等）。

实验中的环境富集指通过在大鼠饲养笼内放置解压物品（如鞋盒、小玩具等）来改善大鼠的生活环境，目的是给大鼠减压，用来模拟青少年良好的成长环境。

实验中的强迫游泳实验，本质上是一种绝望实验。具体方法是将大鼠置于装有水的容器中，大鼠在水中拼命挣扎但又无法逃脱，这就给大鼠营造了一个无处逃避的压迫环境。随后大鼠会呈现出在水中不动的状态，实验者用大鼠5分钟内"不动状态"的时间来量化抑郁样行为的严重程度。科学家常使用这种"行为绝望状态"来模拟人类的抑郁情绪。

实验用4组不同饲养方式的大鼠模拟了4种处于不同成长环境的青少年。

A组：无应激源＋环境富集，模拟不存在慢性应激且成长环境良好的青少年。

B组：慢性应激源＋无环境富集，模拟存在慢性应激且成长环境普通的青少年。

C组：慢性应激源＋环境富集，模拟存在慢性应激且成长环境良好的青少年。

D组：无应激源＋无环境富集，模拟不存在慢性应激且成长环境普通的青少年。

结果显示只有B组的雌性大鼠表现出了显著的抑郁样行为，提示那些存在慢性应激，同时没有相应减压措施或缺乏社会家庭支持的女孩更容易患抑郁症。而C组的结果提示一个和谐稳定的成长环境完全能够抵御慢性应激源对儿童青少年情绪造成的负面影响。

许多临床研究也发现类似的现象：相比男孩，青春期的女孩对生活中的应激性伤害更加敏感，可能原因是激素水平变化导致这一年龄段的女性的情感更加细腻，对人际关系更加依赖。因此，在很多时候，家庭关系是否和谐是预测女孩不良情绪发生概率的一项直接指标。

正如我们常听到的那句话："幸运的人用童年治愈一生，不幸的人用一生治愈童年。"C组大鼠模拟的青少年无疑是幸运的，前期良好的生活环境（如和谐的原生家庭等）使他们拥有了健全的人格和健康的心理，这种幸福感可一直延续，使他们免于遭受后期慢性应激源带来的负面影响。而B组雌性大鼠模拟的女孩就非常不幸了，她们在早期就生活在一个充满慢性应激源的恶劣环境中，后期又没有得到有效的干预，就容易形成自卑和过分敏感的性格，这种性格的青少年非常容易发展为抑郁症患者。

至于为什么实验中的B组雄性大鼠最后没有表现出抑郁样行为，可能与慢性应激源对不同性别大鼠的作用存在差异有关。女孩较男孩更容易出现抑郁的可能原因是，女孩的性格较男孩更加敏感。其实，童年时造成的心理阴影是很难消除的，许多人需要用一生的时间来治愈。如果有机会去采访那些经常会感觉到自卑的成年人，就会发现他们的童年多半是在不快乐的环境中度过的。待他们成年后有了独立思考的能力，对自身也有正确的评估时，他们就会发现自己身上或多或少地带有童年时期痛苦的烙印，而这些烙印通常需要他们长时间的努力才能消除。

慢性应激的存在方式多种多样，笼统地说，任何一件不顺心的事如果长期存在都可能成为慢性应激源，那么慢性应激的本质到底是什么呢？青少年要如何摆脱慢性应激的困扰呢？

美国临床神经心理学家斯蒂克斯鲁德在他的著作中给出了这样的答案，许多青少年处于长期慢性应激中，而对抗这些慢性应激的解药就是高控制感。

根据这个观点，我们有理由推测，慢性应激的本质极有可能就是低控制感，所有能让青少年产生低控制感觉的事件都可能成为慢性应激源。我们举一个例子来解释什么是低控制感，当你开车高速行驶时，前方突然出现了几位横穿马路的行人，这时你左转会撞伤人，右转也会撞伤人，最好的办法就是刹车，而当你紧急踩刹车时突然发现刹车失灵了，这时你感觉到的无助就是一种低控制感。

高控制感可以给人带来安全感，许多成人之所以迷恋打麻将，其实也是享受那种出牌时随心所欲、不受限制的高控制感。既然如此，我们也就不难理解为什么一个几岁的小孩子会经常说"我要自己来！"这是因为他们也有把命运掌握在自己手里的需要。

低控制感会让人紧张不安，临床中几乎每一位抑郁、焦虑患者都曾有过对生活失控的体验。对青少年来说，只要他们在某一领域能够体会到高控制感，就能应对其他领域的低控制感带来的不适。如果青少年在学校感觉比较自由放松，那么他们就能应对比较严苛的家庭环境，同样的道理，如果家庭能给他们足够的安全感，那么他们也能够应对压抑的学校环境。然而，如果青少年几乎在所有的地方都感受不到高控制感：在学校被老师管着，回家后被父母管着，那么青少年可能就会到网络的虚拟空间中通过虚拟人设来获得高控制感，这也是青少年沉迷于网络的一个重要原因。

那么，慢性应激又是如何影响个体情绪的呢？这个应该与人类进化过程中杏仁核的功能有关。杏仁核因其形似杏仁状而得名，与情感及自主神经功能密切相关。刺激杏仁核，除可导致个体出现恐惧等情绪外，还会引起呼吸节律加快和血压升高等生理指标的异常。杏仁核这一特殊功能在人类自我保护机制中起重要作用。当远古时期的人类遭遇洪水、猛兽等危险时，杏仁核就会立刻让人体开启逃生或对抗危险的本能模式。而慢性应激会让杏仁核变得格外敏感，让个体更容易感受到外界的变化，也更容易出现焦虑和恐惧情绪。

由于青少年的神经系统未发育完全，尚具有可塑性，所以相对于成年人，青少年更容易因应激出现情绪不稳或敏感性增强的心理反应。动物研究已证实，那些成年大鼠习以为常的慢性应激事件可以显著增加未成年大鼠体内糖皮质激素的释放，而糖皮质激素正是生物体早期面对应激源时调节杏仁核与其他脑区联系的关键性物质。

要让纯子这样的青少年走出心理上的阴霾，最关键的是让他们摆脱低控制感。在心理咨询门诊接诊时，我经常听到青少年对父母的各种抱怨。

"凭什么我妈觉得我饿，我就要吃饭？"

"有一种冷，是我妈觉得我冷。"

"为什么我爸妈连穿衣顺序都要替我决定，非让我先穿上衣、后穿裤子，我就是要反过来。"

"每次我跟同学商量事情时，父母都会在旁边插嘴，非要给我出谋划策，你说他们烦不烦啊，我又不是不知道应该怎么做。"

以上的这些情况都是父母以爱之名，对孩子进行的控制。但父母越是控制，孩子就越想反抗，这就类似于心理学中的"禁果效应"：越是被禁止的东西，就越能引起人去打破这种禁止的欲望。这种情况还有很多，比如，父母告诉孩子千万不能早恋，但是好奇心驱使孩子想方设法也要早恋。要想避免"禁果效应"，就不要让孩子感觉到自己在受控制。

当青少年在社交中感觉到被控制时，他就会对自己的社交能力失去信心，从而做出回避社交的行为，这就进一步导致了他们在以后遇到困境时出现被孤立的情况，使他们更难走出心理上的阴霾。

另外，掌控欲望强的父母都有一个显著的特点，就是容易焦虑。门诊上，这类父母一旦说起孩子的情况就会面露痛苦且滔滔不绝，旁人根本无法打断，就连医生都会被他们的焦虑所感染，更何况是整日需要被迫面对他们的孩子呢？

所以，每当遇到这类父母，我总是喜欢给他们讲南风与北风的故事：南风和北风闲来无事，想比试一下力量，看谁能把路人身上的外套吹掉。凛冽的北风率先发威，刹那间狂风怒号，路人为了抵御寒风反而裹紧了外套。和煦的南风则徐徐吹来，瞬间暖风习习，路人感觉很暖和，于是主动脱掉了外套。结果显而易见，南风完胜，这就是心理学中的"南风效应"。它给我们带来的启示是，要想去影响他人的行为，必须要顺应他们的内在需求，这样才能使他们的行为变得自觉和主动。对于家长来说，又何尝不是如此呢？与其选择北风版的怒吼和指责，不如换用南风版的引导和关怀，因为这样更能得到青少年的理解和信任。

针对青少年的抑郁情绪问题，抗抑郁药曾经一度被寄予厚望。但近几年的研究发现，单靠药物并不能达到很好的临床效果，家庭、学校、社会的支持都是解决青少年情绪问题必不可少的。

17

"聪明"莫被"聪明"误

注意缺陷多动障碍

睿睿是一名正在读小学三年级的男生，因"上课多动伴成绩下降9个月"由父母带到"学习困难门诊"就诊。

原来，睿睿9个月前在没有明显原因的情况下出现上课注意力不集中、小动作增多、无缘无故骚扰其他同学的现象。上课时，他经常在座位上扭来扭去，还总是喜欢打断老师的讲课。尽管老师三番五次地提醒他，睿睿也没有任何改变，有时还会对老师发脾气，搞得老师和同学都无法接受睿睿。

回到家中，也是一样，每天辅导睿睿写作业成了睿睿父母最头疼的事。睿睿的父母虽然都是大学毕业生，但根本辅导不了睿睿。睿睿总是写一会儿，玩一会儿，注意力非常不集中，连阅读课文时都会读错行。睿睿还经常丢三落四，不是忘带作业本就是找不到铅笔，父母批评他几句，睿睿也似听非听，学习成绩大幅度下降。睿睿的父母生气时也曾打过他几次，不但没起到什么作用，反而让亲子关系变得更加紧张。

起初，睿睿的这些变化并没有引起父母的重视，他们只是认为睿睿太调皮了，想着他长大一些就会好了。但没承想，随着时间的推移，睿睿的情况越发严重，他不仅在做运动时动作不协调，而且还经常说谎、与同学打架。

睿睿的父母逐渐认识到了问题的严重性，于是带着睿睿开始了求医之路。最后，经过专家的评估，睿睿被确诊为注意缺陷多动障碍。与许多父母一样，睿睿的父母刚开始对注意缺陷多动障碍这种精神疾病并不是十分了解，他们只是肤浅地将"注意缺陷"理解为"调皮"，将"多动"理解为"好动"。

其实，注意缺陷多动障碍是一种合并明显注意力障碍、多动、冲动的精神疾病，常伴有学习困难和品行障碍，俗称"多动症"。这种疾病曾被认为是"轻微脑损伤"，现在被认定为一种神经发育障碍。它的发病原因不明，尽管遗传因素起着重要作用，但不良家庭和社会环境因素同样也会增加患病风险。

尽管学习困难仅作为注意缺陷多动障碍的一个伴随症状而存在，但它常常起到让家长开始关注孩子身心健康的重要作用，毕竟有许多自认为"聪明"的家长对孩子学习成绩的关注程度要远远大于对孩子身心健康的关注。医院之所以要使用"学习困难"这个通俗易懂的名称来开设门诊，主要是为了引起家长的重视，避免因未能及时发现病情而影响孩子的健康成长。

但自从"学习困难门诊"在网络上意外走红后，许多家长仿佛看到了自己孩子变成"学霸"的希望。学习差的孩子的家长自不必说，用"久旱逢甘霖"来形容他们对这个门诊的渴望程度一点也不为过。就连那些平时学习成绩较好的孩子的家长，也对这类门诊"趋之若鹜"，都希望医生给自己的孩子开一点"聪明药"，让孩子的学习成绩能更上一层楼。

"学习困难门诊"爆火的背后其实也反映出当今家长对孩子

的"教育焦虑"，现实中几乎所有家长的情绪都会随着孩子的学习成绩上下波动。有"聪明"的家长甚至在怀孕时就对孩子开始进行严格规范的胎教，生怕自己的孩子在"起跑线"上与别人家的孩子拉开丝毫差距。如果生孩子能像买汽车一样，投入的金钱与孩子的出生配置成正比，那么我相信倾家荡产换取孩子硕士、博士学位的家长肯定不在少数。

那么，"学习困难门诊"究竟是满足了一部分望子成龙的家长的需要呢，还是真的能让"学渣"变成"学霸"呢？"聪明药"这种"网红产品"是智商税呢，还是真的能让孩子变聪明呢？今天，我来给大家揭开"学习困难门诊"和"聪明药"的神秘面纱。

其实，"学习困难"并不是一个特定的诊断类别，它只是注意缺陷多动障碍的一个临床症状。"学习困难门诊"也并不神秘，它只是一个普通的心理科门诊而已，坐诊的心理科医生也不是只诊治注意缺陷多动障碍患者，任何存在心理问题的患者他们都能接诊，只不过这些医生研究的亚专业是注意缺陷多动障碍。

孩子学习困难的原因有很多，例如：智力原因、躯体疾病原因、心理原因、家庭教育原因、学习方法原因，等等。孩子出现学习困难这种情况并非就一定是注意缺陷多动障碍导致的。"学习困难门诊"的主要作用就是通过专业医生的筛查和鉴别，找到孩子学习困难的原因，及时采取高效的干预措施。

而作为孩子的家长，要客观理性地评估孩子的学习过程，切不可简单地将"学习困难门诊"当成提高孩子学习成绩的捷径。但如果家长发现孩子存在以下几种情况，就需要高度重视了，因为孩子很可能得了注意缺陷多动障碍这种精神疾病。

注意障碍

患儿的注意障碍主要表现为注意力不集中和注意持续时间短暂。患儿在课堂上无法长时间保持安静和注意力集中，容易发呆、走神，与别人交流时心不在焉，因而无法适应学校的学习生活。除此之外，患儿极容易受到外界刺激的影响，导致他们不愿意从事做家庭作业这种需要注意力集中的任务，所以这些患儿在做家庭作业时通常会出现三心二意、左顾右盼的情况，也通常需要花费比别人更多的时间，就算最后能够勉强完成，作业中也会出现许多粗心大意导致的低级错误。

注意分为主动注意和被动注意。孩子能够专心玩手机并不能说明孩子没有注意障碍，因为像玩手机这种本身具有较大吸引力且容易引人注意的事情所涉及的是被动注意，对人的主观意志努力要求较低。而那些需要调动人的意志去完成的相对复杂且困难的事情（如学习）所涉及的才是主动注意，这才是判断孩子是否存在注意障碍的核心。

多动、冲动

患儿常常表现出手脚的小动作多，听课时无法安静地坐在座位上，不是随意离开座位就是骚扰其他同学，喜欢打断老师和同学的讲话，经常出现不分场合地插话和接话茬的现象。另外，患儿做事比较鲁莽冲动，经常不顾周围环境而做出一些伤人害己的危险举动，而且情绪极不稳定，容易被激惹，有时会出现攻击行为。所以患儿经常受到老师的批评和同学们的孤立，基本无法融入正常的学校生活。

学习困难

虽然患儿的智力水平大都正常或接近正常，但受注意力障碍和多动冲动行为的影响，他们基本无法正常听讲、阅读和书写，最终导致学习困难，学习成绩下降。

品行障碍

研究发现，超过一半的注意缺陷多动障碍的患儿会合并出现品行障碍。品行障碍主要表现为患儿经常会做出一些不符合道德规范甚至是犯罪的行为。比如，故意损坏公共设施、不遵守交通规则、虐待小动物、辱骂同学、逃学、说谎、纵火、偷盗等。

目前，针对注意缺陷多动障碍的主要治疗策略是药物治疗联合心理干预。常用的药物是哌甲酯，也就是家长口中的"聪明药"，在医学上属于中枢兴奋剂。因其具有潜在成瘾性，所以被列入需要严格管理的精神药品，普通药房禁止出售该类药物，有需要者只有凭指定医院开具的红处方才可以购买。

哌甲酯治疗注意缺陷多动障碍的具体机制尚不清楚，可能是通过提高脑内突触间隙多巴胺水平实现的。所以，服用哌甲酯不会提高智商，也不会直接提高学习成绩。临床上部分患儿在服用哌甲酯后学习成绩提高，并不是哌甲酯的直接作用，而是患儿注意力改善的结果。

心理干预主要是纠正患儿的冲动行为，帮助他们学会必要的社交技能和掌握自我控制能力，更好地适应社会。家长和教师在这个过程中不应该歧视患儿，更不能对患儿进行体罚，要有针对性地对他们进行特殊教育，认可患儿微小的进步，及时给予适当的表扬，以提高患儿的自信心。

在对睿睿治疗的初期，睿睿的父母对药物比较排斥。尽管医生开具了哌甲酯的处方，但他们始终不愿接受这个现实，他们在很长的时间里都认为睿睿会在自然成长过程中逐渐恢复正常。

幸运的是，当今社会网络发达，获取信息的途径众多。睿睿的家长在不断查询注意缺陷多动障碍相关知识的过程中，逐渐摆脱了初次面对这种疾病的茫然：原来服用哌甲酯不会让睿睿变傻或变胖，更不会变成精神分裂症患者。

像睿睿这种案例，几乎每天都能在"学习困难门诊"见到。许多老师和同学眼中的"混世魔王"和"捣蛋鬼"都在这里被医生成功"摘帽"。原来，睿睿这样的孩子并不是品质不好，也不是缺少家教，而是真的生病了。这种病一般发生在儿童时期，但可以持续到成年，患病率男孩高于女孩。成人患者多由儿童患者发展而来，且多动症状一般较轻，主要存在的问题是注意缺陷，可能与他们的大脑前额叶皮质发育较儿童成熟有关。

在确定了这些信息后，睿睿的父母开始用一种客观理性的态度面对这种精神疾病了，也接受了医生的药物治疗方案。从那以后，他们原本压在心里的顾虑也被打消了，他们变得不再那么容易焦虑紧张了。他们在尝试着换一个角度重新审视睿睿病情的同时，也在不断转变自己之前一直坚持的一些传统观念。比如，他们之前不愿意带睿睿出去串门，总认为睿睿那些不合时宜的多动行为会让自己丢脸。而现在，他们不再回避，反而敢于主动向亲朋好友介绍睿睿的病情。

睿睿喜欢画画，并且画画时注意力可以较长时间保持集中，于是睿睿的父母干脆不再逼睿睿学习了，而是让他把更多的精力放在自己喜欢的绘画上。当睿睿情绪平稳时，他们再试着辅导睿睿完成家庭作业。一段时间后，睿睿的情况明显得到了改善，他不仅不再扰乱课堂秩序，而且能及时完成家庭作业，学习成绩自然也提高了不少。

原来，"学习困难门诊"里并没有变成"学霸"的秘籍，"聪明药"也不是升学的保证。真正聪明的家长们不应该只看到孩子的学习成绩，而应该把重点放在孩子的身心健康上，以一颗平常心面对孩子的成长，学会发现孩子身上的闪光点。但如果发现孩子真的存在前面讲到的几个问题，也不要讳疾忌医，及时到正规医院就诊，才是对孩子负责任的聪明做法。

18

来自星星的孩子

孤独症谱系障碍

25岁的康康自小就患有孤独症谱系障碍（以下简称"孤独症"）。他智力低下，生活无法自理，幼时母亲离世，现在与在图书馆工作的父亲相依为命。

　　康康的父亲本姓隋，但是他不喜欢别人叫他老隋或者隋先生，他更喜欢"康爸"这个名字，他自己的解释是这个名字可以时刻提醒自己要尽到做父亲的义务。

　　"我用了差不多20年才逐渐接受这个现实。"说这话的时候，康爸竟有点自责，而康康一脸无辜地偎依在康爸身边，一只手紧紧拽着康爸的衣角，另一只手使劲摇晃着一个风车玩具。

　　从康爸的身上，我差不多能感觉到，一位父亲对自己亲生儿子长期的不接受，是多大的一种痛苦。所以，本次咨询的主题与其说是对康康服用药物剂量的调整，倒不如说是倾听康爸的情感宣泄。

　　康康在3岁多的时候，就在性格上表现出许多与其他同龄孩子不一样的地方：他不喜欢与父母和亲人拥抱，当家人要抱康康时，他会生硬地把家人推开；他不喜欢那些可爱又有趣的小玩具，反而对车轮和电风扇这种旋转且单调的东西情有独钟；他不喜欢说话，也从不主动与别的小朋友交流，对周围发生的事情总是漠不关心；他无法在幼儿园安静地听讲，总是发出一些类似吼叫的声音和做出一些奇怪的动作。

　　开始的时候，康爸以为康康只是"晚熟"和不合群，对康康的这些异常并未放在心上。直到康康被幼儿园老师劝退后，康爸才发现问题的严重性，原来康康根本无法与人进行正常交流。例如，当别人问他叫什么名字时，康康总是重复"名字……名字……"等简单的词语，并不能给出正确回答，而且他的眼神始终处于游离状态，不会与别人产生眼神交流。

康康的学习能力也特别差，连"1 + 2 = 3"这种简单的问题，老师都要教他好多次，更不用说学写字了。在老师的建议下，康康被父母带到医院就诊，并被确诊为"孤独症"。

"接下来的日子，真的可以用度日如年来形容了。"康爸无奈地摇了摇头，接着说，"康康的行为变得越来越奇怪了，经常随地大小便，把被子泡在马桶里。他经常自己一个人呆呆地坐着，两只手在眼前胡乱比画，谁也不知道他脑子里想的是什么。他有时突然就大喊大叫，脾气暴躁，还有暴力倾向，不仅摔打家里的东西，还咬自己的手，根本没法管。我们为了帮助他学习说话，买了好几个录音机，都被他发脾气时摔坏了。

"最要命的是康康进入青春期的那几年，他根本没有羞耻心，在大街上遇到小女孩就跑过去抱人家，为此我不知道挨了多少埋怨和白眼。如果能选择，我宁愿康康是个聋人，或者是盲人，只要不是孤独症患者就好。他妈妈因为接受不了这个现实，服药自杀了。其实我也想过自杀，但没想到她'走'在了我前面。其实，这些年我一直在思考一个问题，就是假如先自杀的那个人是我，康康现在会是什么样子，会不会比现在更好。"康爸摸了摸康康的头，深情地看了康康一眼，康康并未做出任何回应，仍然在摆弄着手里的小风车。

"有时候死很容易，活着却很难。"我有些同情康爸。

"是啊，他妈妈死后，我经常想趁着康康睡着的时候，打开燃气，和他一起结束这种折磨和痛苦。"康爸说完，给康康递过去一瓶水，因为康康向康爸做出了一个张大口的动作。

"那是什么让你一步一步坚持下来了呢？"我问他。

"你是不是想让我说因为爱？"康爸对我笑了笑。

"不不，也可以是别的。"我也回了康爸一个微笑。

"要说没有爱是不可能的，养只小狗还会有感情呢，更何况是自己的骨肉。但我更想看看最终的结局，尽管我没有猜中这个故事的开头。"康爸的眼神里透出了几分坚毅。

原来，自从康康的妈妈去世后，康爸也检查出了严重的心脏病，随时都有心肌梗死的可能。于是，如何安排自己去世后康康的生活就成了康爸的头等大事。由于康康存在语言和行为方面的障碍，所以他基本无法与人正常交流，也适应不了环境的变化，康爸本寄希望于福利机构，希望他们能够收留和照顾康康，让他安度余生。但康康在离开康爸的照顾后，过得并不开心，脾气也越发暴躁。被逼无奈的康爸，只好在自己的有生之年里尽量教会他基本的生存技能。购物、打车、开门、拖地、吃药，这些对正常人来说十分简单的事情在康康那里都变得异常困难，每一个动作都需要康爸不厌其烦地反复指导和示范。

而康康自然无法体会到父亲的艰辛，他整日活在自己封闭的世界里，每天最盼望的事情可能就是在图书馆里整理图书了。细心的康爸也发现了这一点，所以每天都带着康康去图书馆上班，让他熟悉图书馆的环境和工作流程。康爸最大的心愿就是在自己去世后，康康能留在图书馆，一边工作一边生活。

现在的康康，在康爸的调教和药物的控制下，进步了许多。他不仅学会了许多生活技能，情绪也能保持相对稳定。

孤独症，也叫自闭症，1943年由美国儿童精神病学专家首次提出，是神经发育障碍中常见的一种精神疾病，多在3岁前缓慢起病，男孩相对多见。发病原因不明，曾有学者将孤独症的病因归咎于父母的教育方式，但随着研究的不断深入，这一假设被彻底打破。目前，主流观点认为，孤独症主要与遗传因素有关，但具体的遗传方式尚不明确。

孤独症患儿也被称为"来自星星的孩子"，这是因为他们的思想和行为与普通孩子大不一样，仿佛夜空中闪烁的孤星，既遥远又神秘。每年的4月2日是联合国确定的"世界孤独症日"。关注孤独症患者，不仅是一个医学问题，更体现出一个社会的文明程度。

流行病学统计发现，我国的孤独症患病率大约为 7‰，也就是说，在 1000 个孩子中，就有大约 7 个是孤独症患者。但为什么我们在日常生活中基本见不到孤独症患者呢？这主要是因为孤独症患者总是活在自己的世界里，不愿与外界打交道，极其容易被社会边缘化。而患者的家人也往往承受着精神上和物质上的双重压力，处于崩溃的边缘。或许人都有回避痛苦的本能，导致他们不愿与别人倾诉这些压力。所以，我们不要被"星星的孩子"这个浪漫的比喻所误导，要知道这浪漫的背后并非诗情画意，而是残酷的临床现实。

智力障碍

大部分孤独症患儿的智力都低于同龄正常儿童，仅有一小部分患儿在机械记忆或艺术才能等方面非常突出，这部分患儿被称为"孤独症学者"。但千万不可简单地认为孤独症是天才病，像电影《雨人》中的主角那样拥有"过目不忘"超强记忆的孤独症患者在现实中是十分少见的。

社会交往障碍

孤独症患者基本无法与他人建立正常的社会交往，这个特点会伴随患者一生。就像康康，他从小就不与别人产生眼神交流，更不会主动与他人玩耍，就算与自己的父母在一起，他也缺少亲密举动，不会像正常孩子那样去寻求父母的爱抚和拥抱。

语言障碍

语言发育落后一般是引起患儿家长注意并带患儿就诊的首要原因。孤独症患儿一般在三岁时还不能说出有意义的词语和简单的句子，而多用手势来表达意愿。比如，想吃东西了，就用手指指自己张开的嘴巴。尽管患儿在长大后会说一些结构简单的句子，但他们讲话时语气平淡，缺乏面部表情，基本不与他人对视，内容也大多空洞肤浅，且与周围环境不相符合，给人一种"驴唇不对马嘴"的感觉。

患儿在长大后仍会使用之前使用的动作或特定的姿势来表达诉求，就像康康向康爸张大嘴巴那样，他不知如何用语言表达，但是知道只要对父亲张大嘴巴，父亲就会给自己送来水或者食物。除此之外，康康对别人的提问也只是简单模仿问题里面的几个词汇，并不能做出正确回应，这也是孤独症患者语言障碍的一个表现，医学上称之为模仿言语。

兴趣范围狭窄

孤独症患儿很少喜欢那些正常儿童喜欢的玩具，他们感兴趣的东西往往比较另类。比如康康，他从小对一些常见的玩具丝毫不感兴趣，反而对风车和电风扇情有独钟。倒不是说喜欢电风扇的儿童就有可能是孤独症，但是患有孤独症的儿童大多喜欢简单重复的物品，比如车轮等。

刻板的行为模式

孤独症患者喜欢一成不变的日常生活模式，例如，每天吃同样的饭菜、每天在固定的时间和地方睡觉，走路时也要按照固定的路线，等等。只要生活环境发生变化，哪怕像杯子变换了位置这种微不足道的小事，都会让患者情绪暴躁，甚至出现自伤行为，这也是康康无法独自在福利机构生活的原因。

导致这种刻板行为的是患者的机械性思维方式。比如，康康因为记住了父亲教给他的"鱼儿在水里游"的知识点，所以他每次到菜市场都会把鱼摊上的鱼扔到下水沟里；康康也会因为记住了父亲教给他的"多吃菠菜对身体好"的知识点，所以他每顿饭只吃菠菜。

但从另一个角度讲，患者的这种刻板行为也具有部分积极意义。他们一旦学会某项技能，就会像被编程了的机器人一样，一丝不苟地去完成任务。康爸正是利用了这一点，才教会了康康坐公交车和整理图书等技能，使康康能够独自在图书馆继续工作下去。起床后吃药，坐公交车去图书馆，在图书馆里拖地和整理图书，然后晚上再坐公交车回家……如此日复一日。这恐怕是康康最完美的结局了，也是康爸最希望看到的了。

我们当然希望包括康康在内的每一位孤独症患者都能被这个世界温柔以待，但康爸设想的这种情况在现实中似乎难以复制，因为患者的周围环境不可能一直不发生变化，比如，药吃完了、公交站换地点了、图书馆搬家了，等等。任何一个细微的变化，都会引起孤独症患者的严重不适应，而他们又不会用语言去表达自己的诉求，只能通过胡闹、吼叫、自伤或伤人等行为表达，所以，几乎所有的孤独症患者都需要在别人的照顾下才能生活。

孤独症目前尚无法治愈，"早发现，早干预"才是最好的应对方案。所以，家长如果发现自己的孩子存在前面讲到的行为和语言问题，就应该及时到医院就诊，以免耽误治疗。

部分孤独症患儿的早期表现并非行为的异常，而是正常行为的缺失。比如，孩子本来已经会说的词汇慢慢不说了。孩子出现这种情况时，家长就要注意了，不要掩耳盗铃，错误地将这些异常变化简单地解释为孩子性格内向。

性格内向和孤独症是有本质区别的：前者只是性格特点，后期是可以改变的，而后者属于神经发育障碍，后期无法改变；性格内向的人只是在陌生人面前表现腼腆，在亲人或熟人面前还是能表现出依赖感和亲密感的，但孤独症患者是对所有人冷淡，即使面对的是自己的亲生父母。

对孤独症的干预，主要依靠药物治疗和行为康复训练。目前缺乏对孤独症核心症状的特效药物，药物的作用仅仅是控制患者的不良情绪和冲动、攻击行为等精神症状。行为康复训练是最主要的干预手段，其目标是最大限度地提高患者语言表达能力和社会适应能力，提高患者的生活质量。

相信每一位孤独症患儿的家长都希望自己的孩子能够在一夜之间回归正常，但理想和现实之间经常隔着一条无法逾越的横沟。孤独症患者的神经发育异常是无法逆转的，家长们认为的"治愈"其实只是患者的异常表现被药物暂时控制住了，一旦停药就会复发。即便长期坚持服药和接受康复训练，他们的语言能力和社交能力的提高大多数也是非常有限的。

　　值得一提的是，部分症状较轻的孤独症患儿在接受一定时间的药物治疗和行为康复训练后，总体情况可以得到很大的改善，情绪和行为可以变得相对正常，语言表达能力也会有显著的提高。但是，这容易给家长造成一个假象：孩子的病好了，应该到正常的学校去学习了。其实，多数孤独症患者的行为康复还是需要在特殊学校或特殊机构里进行，勉强将患者送进正常学校容易适得其反，因为他们在那里很容易遭到孤立和歧视，就算可以做到与普通同学一样遵守课堂秩序，他们也很难真正参与到学习的过程中去，成绩合格者更是凤毛麟角。

　　对孤独症患者的干预是一个十分漫长的过程，在这个过程中，家长的作用至关重要。除了耐心地陪伴患者，更重要的是降低对患者的期望值，把患者当成一种特殊的存在。有了这些特殊的孩子，就注定需要特殊的家长。要成为特殊的家长，就要有比钢铁还要硬的意志，要善于发现患者身上细微的优点，并将之放大。用这么一句话来表达这个意思吧：即使患者身上有 1 万个缺点，家长也要学会忽略；即使患者身上只有 1 个优点，家长也要学会重视。

"与康康相处的这 20 多年，也是我情绪逐渐平和的 20 多年。我不再过分关注职场中的升迁得失，也不再纠结康康在同龄人中的智力水平。我更在乎的是我还能陪伴康康多久，以及今天的康康比昨天的康康又多学习了哪项新技能。"康爸自言自语道。

"孩子是第一次当孩子，你也是第一次当父亲，能成为父子都是缘分，不管最后结果如何，无愧于心就行。据说，天上一颗星对应地上一个人，就像孩子无法选择父母，我们也无法选择孩子，还有什么比和亲人一起为了同一个目标努力奋斗更值得坚持的呢？"说完，我看了一眼康康。

"坚持……坚持……"康康向我摇了摇手里的风车。

…………

在康康和康爸离开诊室后，我的情绪却久久不能恢复平静。正常孩子的父母总是盼望孩子快快长大，而孤独症患儿的父母却希望孩子永远都不要长大，因为孩子的成长往往会给父母带来更大的经济负担和精神压力。

我们在关注孤独症患者生活质量的同时，也不能忽略他们父母的养老问题。像康康这样的孤独症患者，即使在成年后也基本无法对父母履行赡养义务，所以如何让这部分患者的父母安度晚年就成了一个新的社会问题。

在这样的背景下，成人孤独症康复养护中心就作为一个全新机构应运而生了，它们也被亲切地称为"星星小镇"。

"星星小镇"由部分孤独症患者的家长联合出资筹办并参与管理。"星星小镇"的地点一般选择在城乡接合部，这样既可以让患者感受到大自然的气息，又可以让他们随时享受到城市的医疗和文化资源。

小镇并不是一个简单让孤独症患者疗养的地方，而是配套了诸如休闲娱乐、行为康复、技能培训、手工作坊和现代农庄等一系列设施的现代化养护中心。小镇由患者家长、专业人士和志愿者一起管理，帮助孤独症患者逐步融入集体生活，并且为一些有工作能力的成人孤独症患者提供工作岗位，不仅让他们获得相应的劳动报酬，也在一定程度上减轻了小镇的运营成本。

另外，小镇对于患者的家人也十分友好。他们的家人除了随时可以进入小镇陪伴自己的孩子，也可以在小镇养老，有意愿的家长还可以成为小镇的员工，一边工作赚钱，一边照顾和陪伴自己的孩子。小镇的目标就是持续为孤独症患者提供优质的服务，让他们过上有尊严、有品质的生活，给这些"来自星星的孩子"及他们的父母提供一个温暖的家。希望将来能有越来越多的"星星小镇"，希望所有的孤独症患者和他们的父母都能过上有品质的生活。